Franziska Herrmann

Farbmessung an LED-Systemen

SPEKTRUM DER LICHTTECHNIK **BAND 6**

Lichttechnisches Institut
Karlsruher Institut für Technologie (KIT)

Farbmessung an LED-Systemen

von
Franziska Herrmann

Dissertation, Karlsruher Institut für Technologie (KIT)
Fakultät für Elektrotechnik und Informationstechnik, 2013
Referenten: Prof. Dr. Cornelius Neumann
              Prof. Dr. Tran Quoc Khanh

Impressum

 Scientific Publishing

Karlsruher Institut für Technologie (KIT)
KIT Scientific Publishing
Straße am Forum 2
D-76131 Karlsruhe

KIT Scientific Publishing is a registered trademark of Karlsruhe
Institute of Technology. Reprint using the book cover is not allowed.

www.ksp.kit.edu

Print on Demand 2014

ISSN 2195-1152
ISBN 978-3-7315-0173-2
DOI: 10.5445/KSP/1000038413

FARBMESSUNG AN LED-SYSTEMEN

Zur Erlangung des akademischen Grades

Doktor der Ingenieurswissenschaften

der Fakultät für Elektrotechnik und Informationstechnik

Karlsruher Institut für Technologie

genehmigte

Dissertation

von

Dipl.-Phys. Franziska Herrmann

Tag der mündlichen Prüfung: 20. Dezember 2013

Hauptreferent: Prof. Dr. Cornelius Neumann

Korreferent: Prof. Dr. Tran Quoc Khanh

I   DANKSAGUNG

Mein Dank gilt dem Bundesministerium für Bildung und Forschung durch dessen Förderung im Rahmen des Projektes „UNILED - Erfassung und Beseitigung von Innovationshemmnissen beim Solid State Lighting" diese Arbeit möglich war.

Ich bedanke mich bei meinem Doktorvater Prof. Dr. Cornelius Neumann für die Betreuung dieser Arbeit und die konstruktiven Besprechungen. Vielen Dank an Herrn Prof. Dr. Tran Quoc Khanh für die kurzfristige Zustimmung als Zweitkorrektor.

Mein Dank gilt weiter dem zweiten Betreuer Dr. Klaus Trampert für Tipps, Ratschläge und die hilfreichen, wegzeigenden Diskussionen. Ebenfalls ein Dankeschön geht an die zwei Kollegen Manfred Scholdt und Martin Perner im UNILED-Projekt. Ein großes Dankeschön geht an meine Freunde und Kollegen Anna-Lena Stenglein, Christian Herbold, Tino Fettke, Simon Wendel, Alexandra Koslowski, Anna Kaltenbrunner und Carol Seydel. Danke für die vielen witzigen und schönen Momente in Büro und Privat.

Der größte Dank geht an meine Mutter Ulla Herrmann-Mayer und meine Schwestern Josefa und Elisa. Danke für die Unterstützung auf allen Ebenen, für die vielen witzigen Momente und Sprüche, die Gespräche, die Musik und die vielen Ratschläge. Ich bin froh dass es euch gibt.

INHALT

I   Danksagung I

Inhalt III

1.   Motivation 1

     LED-Systeme in der Allgemeinbeleuchtung 1

2.   Grundlagen 5

     2.1   Grundlagen der Farbmetrik 5

           Normspektralwerte x,y & u′,v′ 5

           Farbabstand 11

           Farbe – Bedeutung im Rahmen dieser Arbeit 14

     2.2   Farbe bei LED – spektraler Aufbau des
           Systems 15

           LED-Chip 15

           Phosphor-Coating 17

     2.3   Einflussfaktoren der Messtechnik 19

           Photometer 21

           Spectral Mismatch Correction Factor – CIE No.53 23

           Spektrometer 35

           Gesamtmessunsicherheit 38

Goniometer 39

Ulbricht-Kugel 43

3. Methoden der Farbmessung **47**

3.1 LED-Chip 48

3.2 LED-System 52

4. Methode zur Darstellung **55**

4.1 Darstellungsproblematik 56

4.2 Farbabstandskurve Δxy 62

4.3 Farbabstandskurve $\Delta u'v'$ 67

5. Darstellung von Messobjekten **73**

5.1 RGB-Scheinwerfer 74

5.2 LED-Spot als Retrofit 79

5.3 4π – Strahler als Retrofit 88

5.4 Light Engines 93

5.5 Diskussion 103

6. Zusammenfassung & Ausblick **109**

Literaturverzeichnis **113**

Anhang ....**a**

1. MOTIVATION

LED-SYSTEME IN DER ALLGEMEINBELEUCHTUNG

Die LED-Technologie ist in der Allgemeinbeleuchtung angekommen. Neben den herkömmlichen Lampen wie Glühlampen und Leuchtstofflampen können LED-Systeme (LED-Lampen oder LED-Leuchten) überall gekauft werden. Die neuen Technologien, so auch LED-Systeme werden mit bestehender Technologie verglichen. Oft erwähnte Unterschiede sind dabei die lange Lebensdauer oder die Energieersparnis von LED-Systemen im Vergleich zu Glühlampen. Dieser Vergleich findet auch in der Lichtmesstechnik statt. Unterschiede zwischen LED-Systemen und einer Glühlampen hier als Beispiel für herkömmliche Technologien gibt es viele. Angefangen bei Form und Aussehen bis hin zu den technischen Unterschieden in der Lichterzeugung. Im Bereich der Lichtmesstechnik sind vor allem die Unterschiede im Verhalten der LED Systeme wichtig. Ein wichtiger Unterschied liegt zum Beispiel im thermischen Verhalten der LED-Systeme. Während sich Glühlampen innerhalb von 5-10 Minuten auf ihre Betriebstemperatur erhitzen, brauchen LED-Systeme länger. Abhängig von Kühlkörper und Leistung kann die Erwärmung 15-120 Minuten betragen. Ein zweiter Unterschied findet sich in der spektralen Verteilung. Im Gegensatz zur Glühlampe hat das Licht von LED-Systemen Peaks in der spektralen Verteilung. Dieses zunächst ungewohnte Verhalten hat die Lichtmesstechnik verunsichert, aufgrund der $V(\lambda)$-Fehlanpassung des lichttechnischen Detektors, einem Photometerkopf. In Kapitel 2.3 wird darauf näher eingegangen.

Ein dritter hier erwähnter Unterschied betrifft die Abstrahlcharakteristik von LED-Systemen. Dabei wird unterschieden zwischen der allgemeinen Abstrahlcharakteristik des Lichtes und der darin enthaltenen farblichen Abstrahlcharakteristik. Beide Abstrahlcharakteristika können durch die Wahl des Detektors durch zwei Messungen voneinander getrennt werden. Die Lichtstärkeverteilungskurve beschreibt die Abstrahlcharakteristik des Lichtes [1]. Im Rahmen dieser Arbeit wird auf die farbliche Abstrahlcharakteristik und deren Darstellung aus einem Messergebnis näher eingegangen.

Bei Glühlampen ist die farbliche Abstrahlcharakteristik aufgrund der Glühwendel homogen in alle Raumrichtungen. Bei LED-Systemen ist eine farblich homogene Abstrahlcharakteristik schwieriger zu erreichen. Zum einen kann ein LED-Chip nur in den halben Raum abstrahlen. Um in LED-Systemen die Abstrahlcharakteristik und die Lichtströme einer Glühlampe zu erreichen, werden mehrere LED-Chips zusammen eingebaut. Zum anderen hängt die Homogenität von der Beschichtungstechnik der einzelnen LED-Chips ab, wie in Kapitel 2.2 näher beschrieben wird.

Die einzelnen Abstrahlcharakteristika der LED-Chips vermischen sich dann zu einer gemeinsamen farblichen Abstrahlcharakteristik des LED-Systems. Eine Betrachtung und Beurteilung der Homogenität einer farblichen Abstrahlcharakteristik von LED-Systemen hängt somit von dem LED-Chip und der Einbauweise im System ab.

Weil LED-Chips klein im Vergleich zu Glühlampen sind, kann die Abstrahlcharakteristik durch Optiken flexibel gestaltet werden. Deshalb gibt es viele LED-Systeme die nicht der Glühlampe nach empfunden sind. Dabei werden oft Linsen oder Reflektoren zur Lichtlenkung eingesetzt. Farbliche Inhomogenität eines LED-Chips wird durch diese Optiken verstärkt und in die Abstrahlcharakteristik des LED-Systems übertragen.

Für die messtechnische Beurteilung der farblichen Abstrahlcharakteristik muss die Farbe rund um das LED-System vermessen werden. Das Messergebnis und die darin enthaltenen Information der farblichen Abstrahlcharakteristik müssen dann dargestellt werden. Im Rahmen dieser Arbeit wurde eine Methode zur Darstellung von Unterschieden in der farblichen Abstrahlcharakteristik entwickelt.

In Kapitel 2.1 werden die für diese Arbeit notwendigen farbmetrischen Grundlagen beschrieben. Auf die Beschichtungstechnik und die daraus entstehenden Farbunterschiede innerhalb eines LED-Chips wird in Kapitel 2.2 eingegangen.

Das Kapitel 3 fasst die wichtigsten Normen zu Methoden der Farbmessung zusammen und beschreibt anhand von LED-Chip und LED-System die gängigsten Messverfahren.

Im folgenden Kapitel 4 werden zuerst bisherige Methoden zur Darstellung der Messergebnisse beschrieben und diskutiert. Anschließend wird die im Rahmen dieser Arbeit entwickelte Methode zur Darstellung beschrieben. Diese Methode wird dann in Kapitel 5 auf reale LED-Systeme angewendet. Die Funktion der Darstellungsmethode wird anhand verschiedener Objekte überprüft und die Ergebnisse diskutiert.

Kapitel 6 enthält die Zusammenfassung der Arbeit und einen Ausblick über mögliche Weiterentwicklungen.

2. GRUNDLAGEN

2.1   GRUNDLAGEN DER FARBMETRIK

NORMSPEKTRALWERTE X,Y & U′,V′

Das Normvalenzsystem CIE 1931 der Commission Internationale d′Eclairage (CIE) ist das Basisfarbsystem der Farbmesstechnik. Dieses System definiert sich über drei Normspektralwertfunktionen $\bar{x}(\lambda), \bar{y}(\lambda)$ und $\bar{z}(\lambda)$, die Zitat „aus dem Verhalten des Auges beim Farbsehen abgeleitet sind" [2]. Als Farbvalenz wird dann die Bewertung eines Spektrums durch diese drei Normspektralwertfunktionen bezeichnet. Mathematisch wird die Farbvalenz für Lichtfarben durch die drei voneinander unabhängigen Größen X, Y und Z beschrieben und kann wie folgt berechnet werden:

$$X = \int \varphi(\lambda)\bar{x}(\lambda)\,d\lambda$$

$$Y = \int \varphi(\lambda)\bar{y}(\lambda)\,d\lambda$$

$$Z = \int \varphi(\lambda)\bar{z}(\lambda)\,d\lambda$$

„Aus den Normfarbwerten X, Y, Z lassen sich zur Kennzeichnung der Farbart die Normfarbwertanteile x, y, z ableiten. Die Farbart ist eine Farbvalenz, die sich nur durch Leuchtdichte oder Hellbezugswert von einer anderen unterscheidet." [3] Die Normfarbwertanteile der Farbart berechnen sich wie folgt:

$$x = X/(X + Y + Z)$$
$$y = Y/(X + Y + Z)$$
$$z = Z/(X + Y + Z)$$

Aufgrund der Wahl der Normspektralwertfunktionen gilt x + y + z = 1. Eine Farbart wird deshalb ausreichend beschrieben durch zwei Normspektralwertanteile. Durch x und y lässt sich die Farbart in einer zweidimensionalen Tafel darstellen. Die Normfarbtafel für das Normvalenzsystem ist in Abbildung 1 dargestellt.

Die Normfarbwertanteile x und y werden dann als Farbkoordinaten bezeichnet. Durch die Angabe dieser Farbkoordinaten zu einem Spektrum ist der Farbort des Spektrums in der Farbtafel definiert. Für weißes Licht wird in der Regel nicht die Farbkoordinate angegeben, sondern die ähnlichste Farbtemperatur. Die Farbtemperatur ist Zitat „diejenige Temperatur des Planck'schen (Schwarzen) Strahlers, die die gleiche Farbart wie der zu untersuchende Strahler hat" [4].

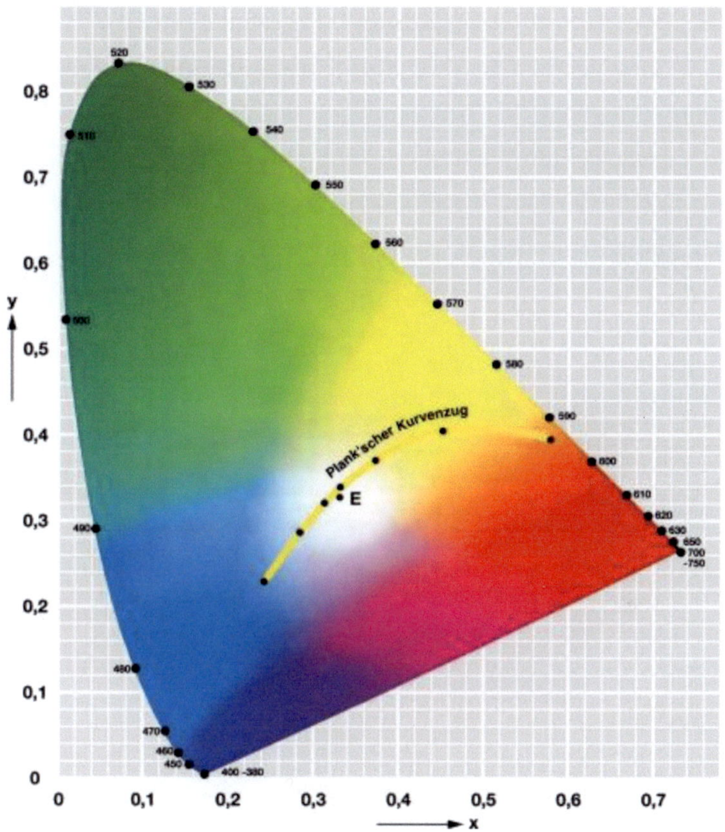

Abbildung 1
Normfarbtafel nach CIE 1931 [5]

Der Verlauf der Farbtemperatur wird für thermische Strahler in der Normfarbtafel als der Planck'sche Kurvenzug eingezeichnet, siehe Abbildung 2. Liegt ein Farbort für weißes Licht neben dem

Planck'schen Kurvenzug, z.B. bei LED-Systemen, wird für diesen die ähnlichste Farbtemperatur (Correlated Colour Temperature CCT) angegeben. Die ähnlichste Farbtemperatur ist diejenige Temperatur des Planck'schen Strahlers, bei der dessen Farbe der Farbe der untersuchten Lichtquelle am ähnlichsten erscheint [6]. „Die Juddschen-Geraden bezeichnen Verbindungslinien der Farbörter mit übereinstimmender ähnlichster Farbtemperatur." [6] In Abbildung 2 ist der Ausschnitt rund um den Planck'schen Kurvenzug und die Juddschen-Geraden dargestellt.

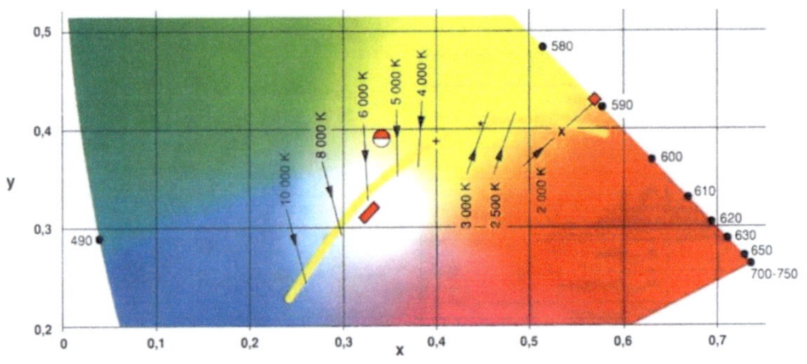

Abbildung 2
Zur Ermittlung der ähnlichsten Farbtemperatur entlang des Planck'schen Kurvenzugs [5]

Der Unterschied zwischen zwei Farborten x_1y_1 und x_2y_2 in der Farbtafel lässt sich über den euklidischen Abstand bestimmen. Der Farbabstand Δxy berechnet sich nach folgender Formel:

$$\Delta xy = \sqrt{(x_1 - x_2)^2 + (y_1 - y_2)^2}$$

David L. MacAdam fand 1942 heraus, dass diese geometrischen Farbabstände nicht den empfundenen Farbabständen entsprechen [7]. Ein vertikaler Farbabstand wird nicht gleich empfunden wie ein horizontaler Farbabstand. Die Ergebnisse von MacAdams Untersuchung lassen sich als Ellipsen in der Normfarbtafel darstellen, Abbildung 3. Die Ellipsen in Abbildung 3 sind um das 10-fache vergrößert. Die Bereiche innerhalb der Ellipsen werden als gleich bewertet, darüber hinaus werden Farben als unterschiedlich bewertet.

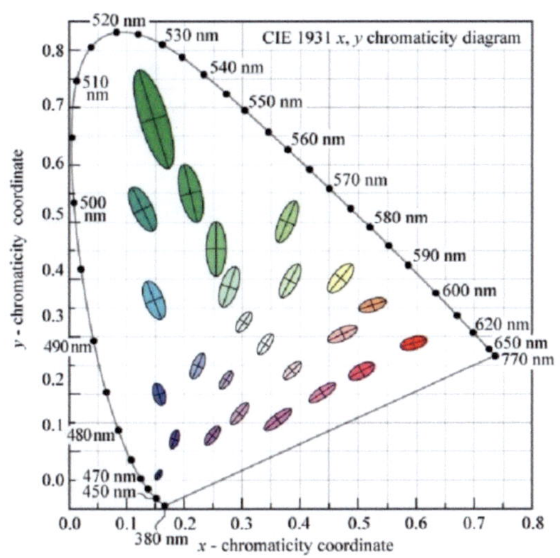

Abbildung 3
Ergebnisse der Untersuchung von MacAdams; Ellipsen zur Kennzeichnung von Wahrnehmung unterschiedlicher Farben [8]

Die Ellipsen haben abhängig vom betrachteten Ort in der Farbtafel unterschiedliche Flächeninhalte. D.h. ein Farbabstand, bei dem im

Grünen keine Farbunterschiede zu erkennen sind, ist nicht für den roten Bereich gültig.

Um für die gesamte Farbtafel eine bessere Übereinstimmung zwischen geometrischem und empfundenem Farbabstand zu erreichen wurde das Normvalenzsystem transformiert. Eine annähernde Gleichabständigkeit wurde mit dem CIE 1976 UCS Diagramm erreicht. Die Normfarbwertanteile x, y, z werden dabei in die Farbkoordinaten u'v' transformiert. Die Umrechnung geschieht nach folgender Formel [9]:

$$u' = 4x/(-2x + 12y + 3)$$
$$v' = 9y/(-2x + 12y + 3)$$

Die Farbtafel in CIE 1976 UCS wird leicht verzogen und die MacAdams Ellipsen werden annähernd als Kreise dargestellt. Der Farbabstand zwischen zwei Farborten $u'_1 v'_1$ und $u'_2 v'_2$ wird ausgerechnet über:

$$\Delta u'v' = \sqrt{(u'_1 - u'_2)^2 + (v'_1 - v'_2)^2}$$

Über diese beiden Farbsystem hinaus wurde eine Vielzahl von weiteren Farbräumen entwickelt. Je nachdem, für welchen Anwendungsfall die Farbkoordinaten interpretiert werden sollen, können die Normfarbwerte X, Y, Z in die anderen Farbräume transformiert werden. Zur messtechnischen Charakterisierung von Selbstleuchtern (Lampen, Leuchten, etc...) wird hauptsächlich das Normvalenzsystem oder das CIE 1976 UCS System verwendet. Im Rahmen dieser Arbeit wird die Auswertung der farblichen Abstrahlcharakteristik in diesen beiden Systemen betrachtet.

FARBABSTAND

LED-Chips und LED-Systeme werden anhand von Farbkoordinaten oder der daraus berechneten Farbtemperatur sortiert und benannt. Die Grenzwerte und Toleranzgebiete für weiße LEDs werden in der Norm ANSI- C78.377-2011 „Specifications for the Chromaticity of Solid State Lighting Products" definiert. In dieser Norm wurden Toleranzgebiete für Leuchtstofflampen auf LED-Systeme angepasst, siehe [10].

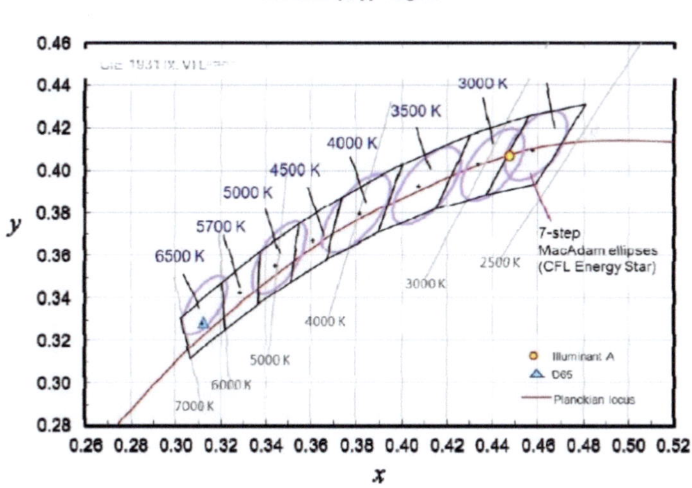

Abbildung 4
Grafische Darstellung der Farbeinteilungen im Normvalenzsystem für LED-Systeme aus der Norm ANSI-C78.377-2011 [11]

Die Norm gibt 8 Nominalfarbtemperaturen mit Toleranzwerten an, die anhand der Wahrnehmbarkeitsstudien von MacAdams festgelegt wurden. Diese Farbtemperaturbereiche lassen sich durch die Farbkoordinaten der Eckpunkte ausdrücken. In der ANSI-Norm sind die Eckpunkte sowohl im Normvalenzsystem durch x und y als auch im CIE 1976 UCS System durch u′v′ ausgedrückt. Damit können diese Toleranzvierecke in beiden Farbtafeln graphisch dargestellt werden, siehe Abbildung 4 und Abbildung 5.

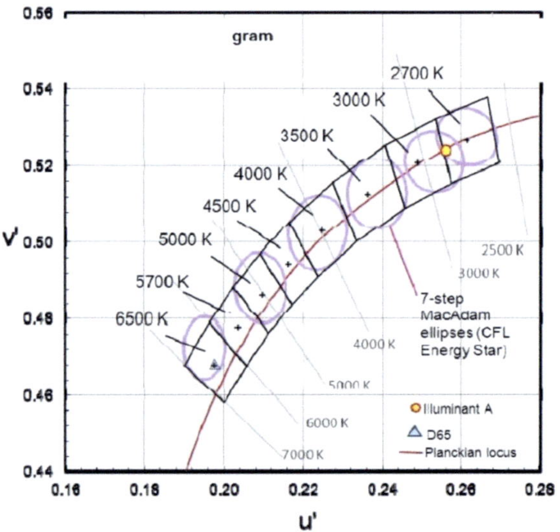

Abbildung 5
Grafische Darstellung der Farbeinteilungen im System CIE 1976
UCS für LED-Systeme aus der Norm ANSI-C78.377-2011 [11]

Diese Einteilungen sind nach Norm für LED-Systeme gültig. Ein LED-System definiert sich dabei über eingebaute elektronische Vorschaltgeräte und Kühlkörper. Weiter werden diese Einteilungen auch in der Produktionsüberwachung von LED-Systemen eingesetzt. Die in der Norm festgelegten Bereiche sind dafür allerdings zu grob für die Unterscheidung von LED-Chips. Deshalb werden die einzelnen Toleranzvierecke weiter unterteilt, Abbildung 6. Das große Viereck wird mit einem Raster wieder unterteilt. Diese Unterteilung und die Bezeichnung der einzelnen Gebiete sind je nach Chiphersteller unterschiedlich.

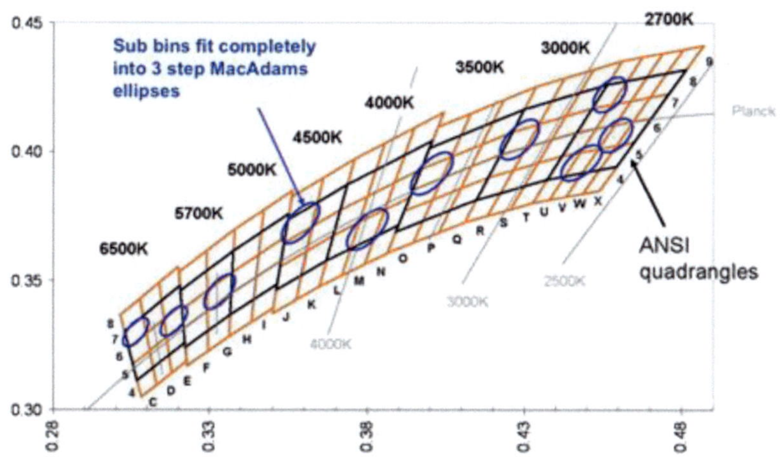

Abbildung 6
Einteilung der ANSI-Toleranzvierecke in kleinere Bereiche den sog. Sub-Bins; Fine White Binning von Osram Semiconductors [12]

FARBE – BEDEUTUNG IM RAHMEN DIESER ARBEIT

Der Begriff Farbe beinhaltet viele Definitionen. Im vorherigen Abschnitt wurde die Farbe, genauer die Farbart durch die dazugehörigen Farbkoordinaten ausgedrückt. Im Rahmen dieser Arbeit ist der Begriff Farbe ebenfalls über die Farbkoordinaten definiert. Mit dem Wort Farbveränderung wird dann eine Farbortverschiebung im jeweiligen Farbsystem bezeichnet. Die Homogenität von Farbe definiert sich im Rahmen dieser Arbeit durch Farbabstände. Je kleiner der Farbabstand, desto homogener die farbliche Abstrahlcharakteristik. Durch die Farbabstände Δxy kann dann ebenfalls auf eine Farbveränderung geschlossen werden. Ist der Farbabstand null, so hat sich die Farbe nicht verändert. Je größer der Farbabstand wird, desto stärker verändert sich die Farbe. Im Normvalenzsystem mit den Farbkoordinaten x und y wird die farbliche Abstrahlcharakteristik von der Seite der Messtechnik beschrieben und diskutiert. Im Farbsystem CIE 1976 UCS wird die farbliche Abstrahlcharakteristik in einem ersten Schritt bezüglich der Farbwahrnehmung bewertet. Der Einfluss der Helligkeit auf die Farbwahrnehmung kann im Rahmen dieser Arbeit nicht berücksichtigt werden.

Als farbliche Abstrahlcharakteristik wird die Verteilung der Farbe rund um die Leuchte bezeichnet, in diesem Fall das LED-System. Abhängig von dem technischen Aufbau des LED-Systems kann sich die Farbe verändern. Der Farbort in Hauptausstrahlrichtung kann sich von dem Farbort auf der Seite des LED-Systems unterscheiden. Die Ursachen dafür werden im nächsten Abschnitt beschrieben.

2.2   FARBE BEI LED – SPEKTRALER AUFBAU DES SYSTEMS

LED-CHIP

Ein LED-Chip basiert auf der Halbleitertechnologie. Abhängig von der Dotierung des Halbleiters wird die Wellenlänge, also die Farbe des Lichts, festgelegt. Typische Materialien für rotes bis gelbes Licht sind Aluminium Indium Gallium Phosphit (AlInGaP) und für grünes bis blaues Licht Indium Gallium Nitrit (InGaN). Ausgehend von diesen farbigen LED-Chips wird weißes Licht auf unterschiedlichen Wegen hergestellt. Im Folgenden werden die zwei am häufigsten verwendeten Methoden näher vorgestellt. Eine Möglichkeit weißes Licht zu erzeugen ist die Lichtmischung, siehe Abbildung 7.

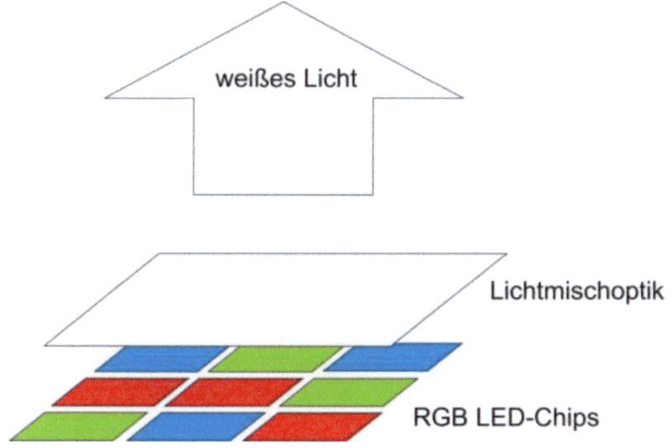

Abbildung 7
Skizze Aufbau RGB LED-Chip inkl. Lichtmischoptik; Grafik nach
[13]

In einem LED-System werden dazu unterschiedlich farbige LED-Chips zusammen eingebaut. Das Licht der z.B. Roten, Grünen und Blauen LED-Chips wird dann zum Teil durch Optiken gemischt und es entsteht weißes Licht. Aufgrund der mehrfarbigen LED-Chips entstehen am Rand oder in der Mitte der Abstrahlcharakteristik Farbunterschiede, die durch die Optiken noch verstärkt werden können.Die zweite und häufigste Methode ist die Phosphorkonversion. Dabei werden effiziente blaue LED-Chips verwendet, die mit einem Phosphorpulver beschichtet werden, siehe Abbildung 8. Ein Teil des blauen Lichtes wird in gelbes Licht gewandelt und in der Farbmischung entsteht weißes Licht. Abhängig vom Material der Phosphorschicht können unterschiedliche Farbtemperaturen erzielt werden.

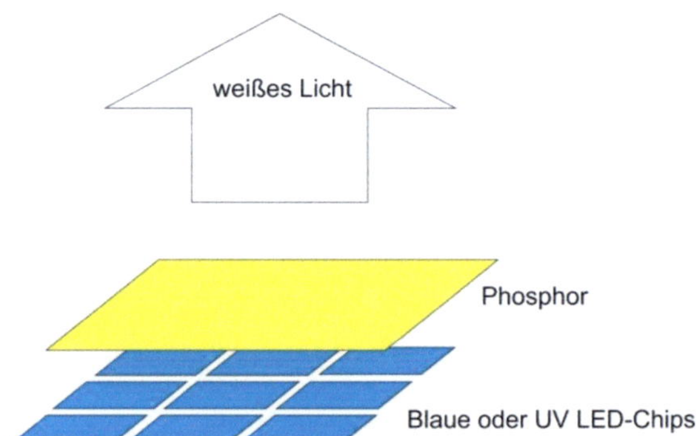

Abbildung 8
Skizze Aufbau blauer LED-Chip inkl. Phosphorschicht für Konversion in weißes Licht; Grafik nach [13]

PHOSPHOR-COATING

Die Phosphorschicht wird durch unterschiedliche Techniken aufgetragen. Im folgenden Abschnitt werden drei verschiedene Methoden vorgestellt den Phosphor aufzubringen. In Abbildung 9 sind alle drei Methoden zusammen schematisch dargestellt. Die erste Methode, in Abbildung 9 ganz links, ist der sog. Phosphor-Tropfen. Dabei werden der LED-Chip und die Umgebung mit einem Tropfen Phosphor abgedeckt. Der Phosphor verteilt sich dabei inhomogen über den gesamten Chip. Die Schichtdicke des Phosphors wird durch diese Methode unterschiedlich. Der Farbeindruck ist dabei abhängig von der Schichtdicke des Phosphors. Je dünner die Schicht ist, desto kürzer ist der Weg des blauen Lichts durch die Phosphorschicht. Je kürzer der Weg ist, desto weniger blaues Licht wird umgewandelt und desto mehr blaues Licht geht ohne Umwandlung durch die Phosphorschicht. Als Folge davon entstehen Farbunterschiede in der farblichen Abstrahlcharakteristik des LED-Chips.

Die zweite und dritte Methode wurde entwickelt um die Farbunterschiede zu verringern. Die mittlere Skizze in Abbildung 9 stellt das Chip nahe Coating dar. Die Phosphorschicht hat dabei eine konstante Schichtdicke und wird nahe am Chip aufgetragen. Durch die konstante Schichtdicke reduzieren sich die Farbschatten. In der dritten Methode wird die Phosphorschicht vom LED-Chip getrennt. Bei der Remote Phosphor Technologie, siehe Abbildung 9 ganz rechts, wird die Phosphorschicht als Abdeckung auf eine Mischkammer gesetzt. Das blaue Licht des LED-Chips homogenisiert sich innerhalb der Kammer und geht dann durch eine Phosphorschicht mit konstanter Dicke. Auch mit dieser Methode reduzieren sich die Farbunterschiede.

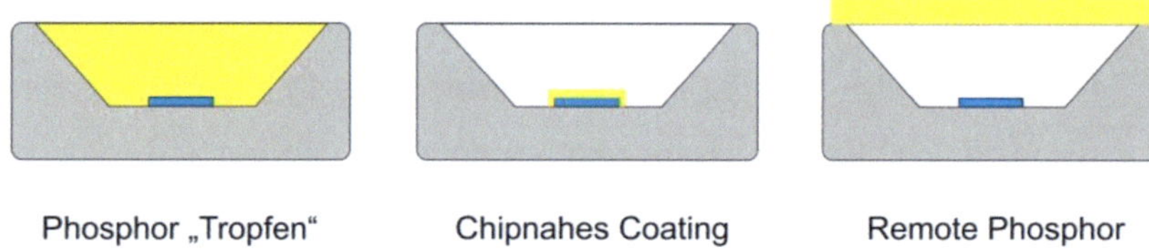

Abbildung 9
Skizze für unterschiedliche Phosphor Technologien; Grafik nach
[14]

Eine beispielhafte spektrale Verteilung der LED-Chips mit Phosphor-Konversion ist in Abbildung 10 dargestellt. Das Spektrum setzt sich aus zwei Peaks zusammen. Der Blaupeak liegt zwischen 400nm und 500nm und der Phosphorberg liegt zwischen 500nm und 700nm. Unterschiedliche Schichtdicken des Phosphors zeigen sich im Verhältnis der Maxima zueinander. Die durch diese Methoden entstehenden Farbunterschiede werden bei Einbau des Chips in das LED-System verstärkt. Durch Lichtmischoptiken oder Optiken und Reflektoren zur Lichtlenkung können diese Farbunterschiede verstärkt werden. In der Abstrahlcharakteristik sind diese dann als Farbränder oder Farbschatten sichtbar.

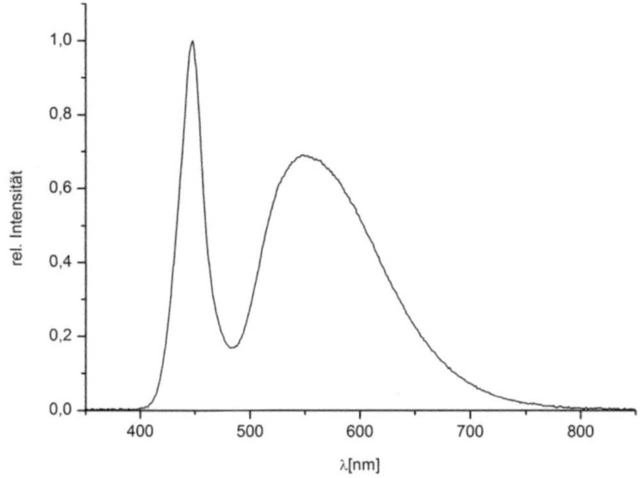

Abbildung 10
Typisches Spektrum blauer LED-Chip mit Phosphor-Konversion

2.3 EINFLUSSFAKTOREN DER MESSTECHNIK

Das Ergebnis einer Messung wird aus vielen Faktoren bestimmt. Abbildung 11 gibt einen Überblick über diese Faktoren und fasst sie in unterschiedliche Kategorien zusammen. Jeder einzelne Faktor kann während einer Messung von seinem eigentlichen Wert abweichen und das Messergebnis beeinflussen. Der Einfluss der Streuung aller Parameter auf das Messergebnis wird als Messunsicherheit bezeichnet und lässt sich nach der Methode der GUM „Guide to the Expression of Uncertainty in Measurement" [15] berechnen. In einem Unsicherheitsbudget sind dann die einzelnen Faktoren und deren Einfluss auf die Gesamtunsicherheit aufgelistet.

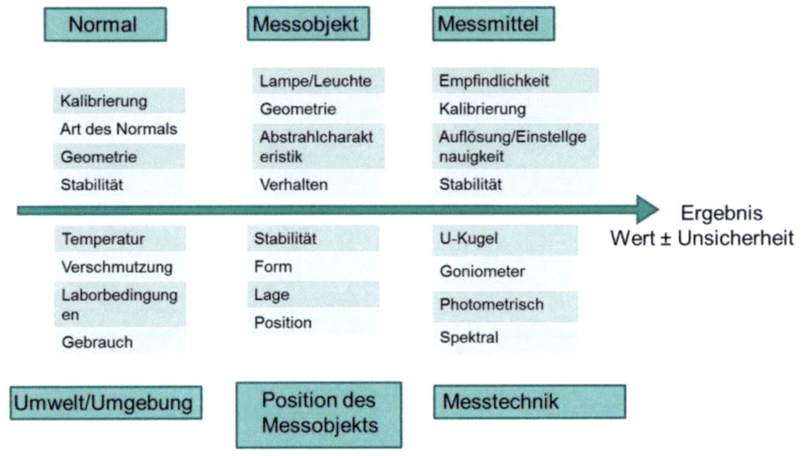

Abbildung 11
Übersicht über Faktoren die ein Messergebnis beeinflussen können

Die Gesamtunsicherheit zu jedem Messergebnis entspricht einem Unsicherheitsintervall von ±x. Die Größe dieses Intervalls fasst den Einfluss aller Faktoren auf das Messergebnis zusammen und wird meistens in Prozent angegeben. Je kleiner dieses Unsicherheitsintervall ist, desto qualitativer ist das zugehörige Messergebnis.

Im folgenden Abschnitt wird nur auf die Kategorie der Messtechnik eingegangen. Zuerst wird der systematische Fehler der $V(\lambda)$-Anpassung eines Photometerkopfes in Bezug zum Spektrum der LED beschrieben. Dann werden die Auswirkungen der farbigen

Anteile im Spektrum einer LED, der Blau-Peak und der Phosphor-berg auf das Messsignal aufgrund der Fehlanpassung betrachtet. Als zweites werden der systematische Fehler des Streulichts und Auswirkungen auf die Messung von Farbkoordinaten beschrieben.

Im zweiten Teil wird die Messmethode der Ulbricht-Kugel und des Goniometers in Bezug auf LED-Systeme betrachtet.

PHOTOMETER

Als Erstes wird der Photometerkopf betrachtet Abbildung 12 zeigt einen Querschnitt als Skizze, in der die wichtigsten Bauteile zu er-kennen sind.

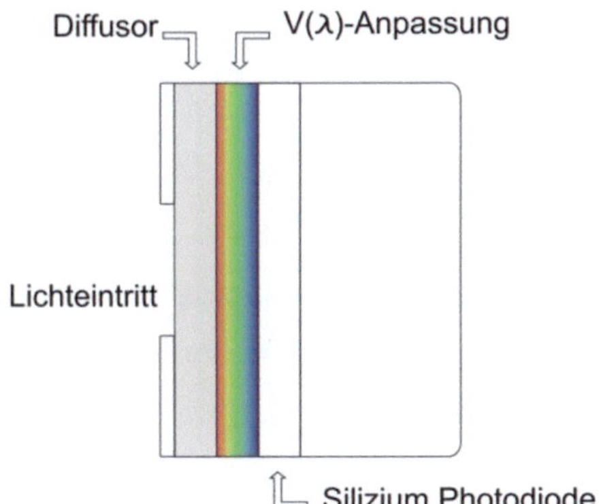

Abbildung 12
Skizze Querschnitt Photometerkopf

Am Lichteintrittsfenster angefangen, das die beleuchtete Fläche definiert, folgt danach ein Diffusor, der das Licht homogenisiert. Bevor das Licht dann auf die Silizium-Diode als Empfänger trifft, geht das Licht durch den $V(\lambda)$-Filter. Dieser passt die Empfindlichkeit der Silizium-Diode durch Transmission und Absorption an die Empfindlichkeit des menschlichen Auges, also die $V(\lambda)$-Kurve, an. Die Qualität dieser $V(\lambda)$-Anpassung ist abhängig von der Zusammensetzung des Glasfilters. Als Gütekriterium für die Qualität wurde die Kennzahl f_1' entwickelt, anhand derer die Einteilung in unterschiedlichen Photometerköpfe in Klassen L, A, B und C durchgeführt wird [16]. Aufgrund der Herstellungsmethode kann der Photometerkopf nicht perfekt angepasst werden. Abhängig von der Wellenlänge werden die Abweichungen von der $V(\lambda)$-Sollkurve unterschiedlich groß. Die spektrale Abhängigkeit ist in Abbildung 13 grafisch dargestellt.

In Blau ist die Abweichung zwischen der Sollkurve $V(\lambda)$ ideal und der realen $V(\lambda)$-Anpassung dargestellt. Gerade an den Flanken der $V(\lambda)$-Anpassung im roten und blauen Spektralbereich ist die Anpassung fehlerhaft und die Abweichungen zur Normkurve sind größer als in den anderen spektralen Bereichen. Wird eine LED vermessen, fällt der Blau-Peak in den Bereich der schlechten Anpassung und der Phosphorberg liegt im Bereich der guten Anpassung. In der Summe ergibt sich daraus ein Messfehler. Die Größenordnung dieses Messfehlers kann nach der Methode des spectral mismatch correction factors berechnet werden. Im nächsten Abschnitt wird dieser Korrekturfaktor näher beschrieben.

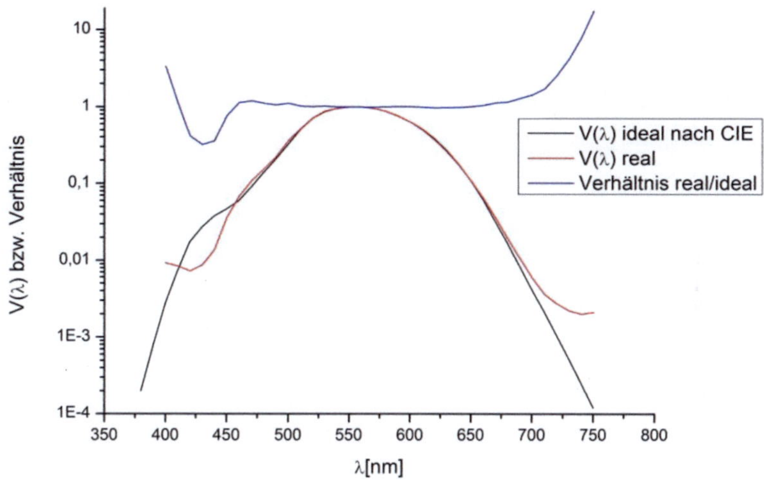

Abbildung 13

Ideale V(λ)-Kurve nach CIE (schwarz); Reale V(λ)-Anpassung eines
Photometerkopfes (rot); Verhältnis der beiden Kurven zueinander
(blau)

SPECTRAL MISMATCH CORRECTION FACTOR – CIE NO.53

Das mathematische Modell des spectral mismatch correction factors
wird als Erstes in der Norm CIE No.53 aus dem Jahre 1982 „Methods of Characterizing the performance of radiometers and photometers" erwähnt [17]. Zu dieser Zeit wurden Gasentladungslampen in
die Allgemeinbeleuchtung eingeführt. Das Spektrum der Gasentladungslampen hat im Vergleich zur Glühlampe schmalbandige

Peaks. Aufgrund dieser Peaks entstand die Frage, wie groß der Messfehler durch die V(λ)-Fehlanpassung werden kann. Die Commission Internationale de l'Eclairage veröffentlichte aus dieser Fragestellung heraus 1982 die Publikation CIE No.53 [17]. Darin wird die Methode zur Berechnung dieses Messfehlers beschrieben.

Der in dieser Norm definierte Lichtartenfehler a(Z) wird heute auch spectral mismatch correction factor, kurz smcf genannt. Damit lässt sich der Messfehler berechnen der entsteht, wenn ein bestimmtes Spektrum mit einem Photometerkopf mit einer bestimmten V(λ)-Anpassung gemessen wird. Für die Berechnung notwendig sind die relative spektrale Empfindlichkeit des Photometerkopfes und das relative Spektrum der Lichtquelle. Der smcf wird nach folgender Formel berechnet [17]:

$$a_v(z) = smcf = \left. \frac{\int_0^\infty S(\lambda)_Z \, s(\lambda)_{rel} d\lambda}{\int_0^\infty S(\lambda)_Z \, V(\lambda) d\lambda} \middle/ \frac{\int_0^\infty S(\lambda)_A \, s(\lambda)_{rel} d\lambda}{\int_0^\infty S(\lambda)_A \, V(\lambda) d\lambda} \right.$$

$S(\lambda)_Z$ rel. Spektrum des Messobjektes

$s(\lambda)_{rel}$ rel. spektrale Empfindlichkeit des Detektors

$S(\lambda)_A$ rel. Spektrum Normlichtart A

$V(\lambda)$ Hellempfindlichkeitskurve des menschlichen Auges

Der relative spektrale Verlauf von Normlichtart A, also der Bezug zur Kalibrierlichtquelle und die V(λ)-Normkurve liegen bei der

Commission Internationale de l'Eclairage zum Download als Tabellen vor.

Der Zähler beschreibt die relative Abweichung des Spektrums des Messobjektes, während der Nenner den Bezug zur Kalibrierung herstellt. Das Verhältnis beider zusammen beschreibt wie stark das Messergebnis durch das Zusammentreffen von Spektrum und fehlangepasstem Detektor verfälscht wird und mit welchem Wert der Messwert korrigiert werden muss.

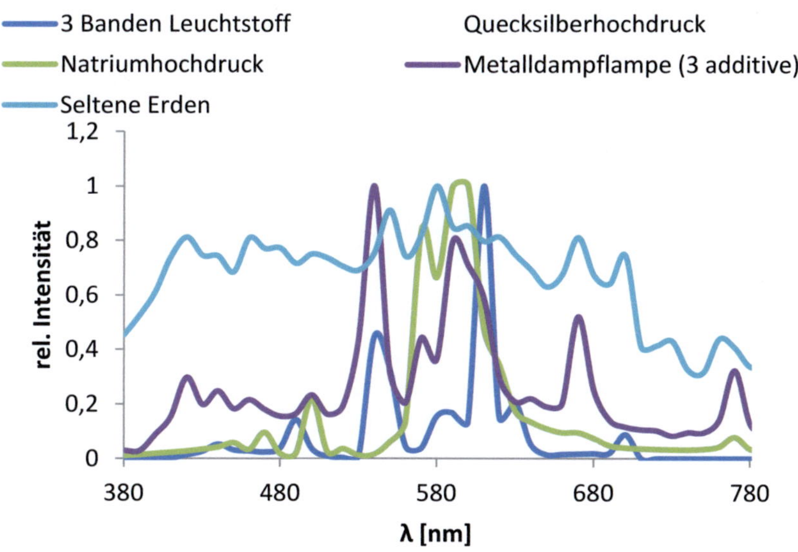

Abbildung 14
Normspektren Gasentladungslampen aus Norm CIE No.53 [17]

Im Anhang der Norm CIE No.53 sind 5 verschiedene Spektren von Gasentladungslampen aufgelistet, siehe Abbildung 14. Diese Spektren ergaben in einer Studie mit vielen verschiedenen $V(\lambda)$-Anpassungen die schlechtesten smcf-Werte. Im Rahmen dieser Arbeit wurden zur Einschätzung der Größenordnung für diese 5 vorgeschlagenen Spektren die smcf für Photometerköpfe der Klassen L und A [16] berechnet. Photometerkopf 1 hat die Kennzahl f_1'=0,5%, Photometerkopf 2 hat f_1'=1,4% und Photometerkopf 3 hat eine Kennzahl von f_1'=2,23%. Für Messlaboratorien übliche Photometerköpfe der Klasse L und A sind dadurch exemplarisch vertreten. Tabelle 1 zeigt die berechneten Werte des smcf.

Tabelle 1

Berechnung smcf für 3 Photometerköpfe mit unterschiedlichen Kennzahlen f1´ für 5 Gasentladungsspektren aus der Norm CIE No.53

	f1´=0,5%	f1´=1,4%	f1´=2,23%
Spektrum 1	1,0021	1,0019	1,0054
Spektrum 2	1,0049	1,0003	1,0062
Spektrum 3	0,9981	0,9958	1,0004
Spektrum 4	1,0025	0,9999	0,9994
Spektrum 5	1,0047	1,0043	0,9977

Der smcf bewegt sich zwischen Korrekturfaktoren von 0,9977 bis 1,0062. Der Fehler im Messsignal liegt für diese Spektren und diese Photometerköpfe unter 1%. Es lässt sich kein eindeutiger Zusammenhang zwischen dem Wert des smcf und der Kennzahl des Photometerkopfes erkennen.

Für dieselben Photometerköpfe wurde die Auswirkung der $V(\lambda)$-Fehlanpassung bei Vermessung von LED-Systemen betrachtet. Die betrachteten LED-Spektren basieren auf der Phosphorkonversion. Anhand ihrer Farbtemperatur und ihrer Peakwellenlänge wurden 6 LED-Spektren ausgewählt, siehe Abbildung 15 (Quelle: [18]).

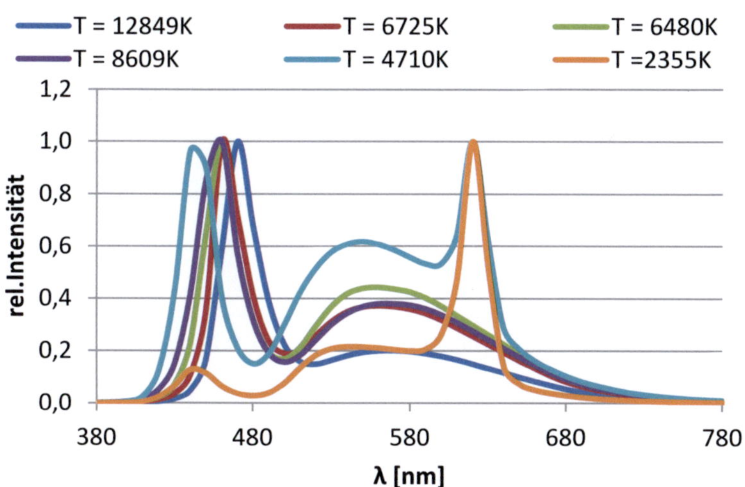

Abbildung 15
6 LED-Spektren unterschiedlicher Farbtemperaturen

Die Farbtemperaturen decken einen Bereich zwischen 2400K und 12900K ab. Die Farbtemperatur von 2400K wird durch einen zusätzlichen roten Peak im Spektrum realisiert. Im speziellen wurde bei einigen Kombinationen auch darauf geachtet, dass die Peakwellenlänge des Systems direkt mit der maximalen $V(\lambda)$-Abweichung zusammentrifft.

Für diese Spektren und die vorher erwähnten Photometerköpfe mit den Kennzahlen $f_1'=0,5\%$, $f_1'=1,4\%$ und $f_1'=2,23\%$ wurden die smcf-Werte berechnet. In Tabelle 2 sind die Ergebnisse zusammengefasst.

Tabelle 2

Berechnung smcf für 3 Photometerköpfe mit unterschiedlichen Kennzahlen f1´ für 6 LED-Spektren mit CCT zwischen 2400K und 12900K

	$f_1'=0,5\%$	$f_1'=1,4\%$	$f_1'=2,23\%$
$T_1 = 6500K$	1,0016	1,0053	0,9972
$T_2 = 6900K$	1,0001	1,0042	0,9931
$T_3 = 8800K$	1,0038	1,0082	0,9994
$T_4 = 12900K$	0,9988	1,0051	0,9816
$T_5 = 4700K$	1,0052	1,0071	1,0061
$T_6 = 2400K$	1,0012	1,0047	1,0069

Die Werte des smcf für die LED-Spektren liegen zwischen 0,9816 und 1,0082. Abhängig von Spektrum und Fehlanpassung muss das Messsignal nach unten oder nach oben korrigiert werden. Z.B. hat der smcf für die Farbtemperatur von 8800K bei der schlechtesten Kennzahl f_1'=2,23% einen Wert von 0,9994, in Prozent umgerechnet müsste das Signal um 0,06% nach unten korrigiert werden. Bei gleicher Farbtemperatur und der Kennzahl f_1'=0,5% müsste um 0,38% nach oben korrigiert werden. In Abbildung 16 sind die smcf prozentual in Abhängigkeit der Farbtemperatur dargestellt.

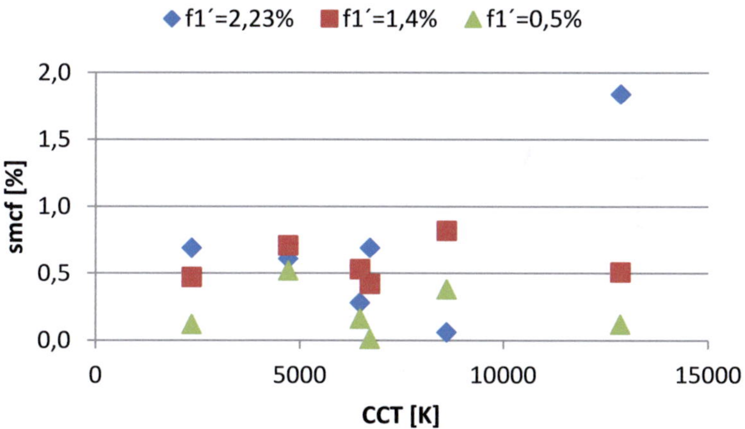

Abbildung 16
Spectral mismatch correction factor für 6 LED-Spektren und Photometerköpfe mit f_1'= 0,5%, f_1'=1,4% und f_1'=2,23% abhängig von Farbtemperatur

Bis auf einen Wert, bei 12900K liegen alle anderen Korrekturwerte unter 1%. Es lässt sich kein Zusammenhang zwischen Farbtemperatur und Kennzahl des Photometerkopfes erkennen. Nur ein Korrekturwert liegt über 1%. Bei einer Farbtemperatur von T=12900K und dem Photometerkopf f_1'=2,23% wird ein smcf von 1,8% erreicht. Die Peakwellenlänge von λ=470nm und die maximalen Abweichungen der V(λ)-Anpassung lagen hier übereinander.

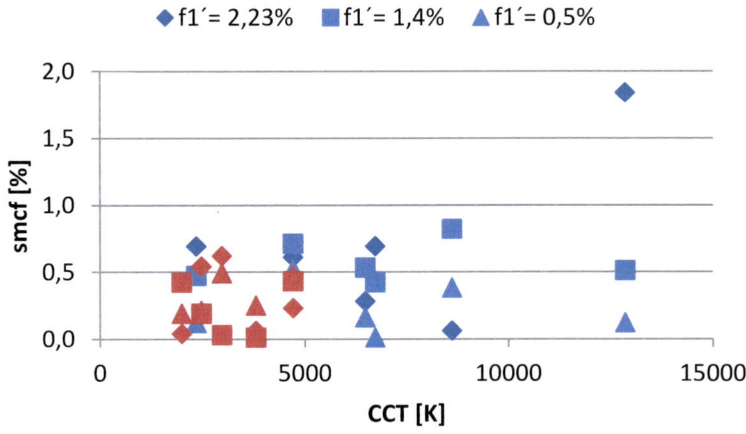

Abbildung 17
Vergleich LED-Spektren (blau) zu Referenzspektren aus CIE No.53
(rot)

In Abbildung 17 werden die smcf-Werte der Gasentladungslampen mit den smcf-Werten der LED-Systeme verglichen. Alle smcf-Werte sind in Abhängigkeit der Farbtemperatur aufgetragen und nach den

Kennzahlen der Photometerköpfe symbolisch sortiert. Der smcf ist in Prozent angegeben. Die roten Punkte zeigen die smcf-Werte der Referenzspektren aus CIE No.53, während die blauen Punkte den smcf-Werten der LED-Spektren entsprechen. Im Vergleich ist zu erkennen, dass alle Korrekturfaktoren in der gleichen Größenordnung liegen. Es ist keine Verschlechterung der Werte durch die LED-Technologie sichtbar. Bis auf den einzelnen bereits beschriebenen Wert bei 1,8% liegen alle berechneten Korrekturwerte unter 1%.

Vergleiche dieser Art findet man auch in der Literatur. In der Veröffentlichung von Ferhat Sametoglu [19] wurden unter anderem Leuchtstofflampen und Hochdruckentladungslampen mit LED-Spektren verglichen. Es wurden für drei Photometerköpfe f_1'=1,5% (National Metrology Institute of Turkey), f_1'=1,4% (PRC-Krochmann) und f_1'=0,5% (LMT Lichtmesstechnik GmbH) die smcf für unterschiedliche Lampenspektren berechnet. In Abbildung 18 ist ein Auszug der Ergebnisse gezeigt.

Die farbigen Punkte symbolisieren die drei Photometerköpfe. Die smcf-Werte sind ebenfalls abhängig von den Farbtemperaturen aufgetragen. Auch hier liegen die berechneten smcf deutlich unter 1% und es ist kein Unterschied zwischen den Technologien zu erkennen. Für beide Lampentypen liegen die smcf in der gleichen Größenordnung und weisen keine Zusammenhänge auf.

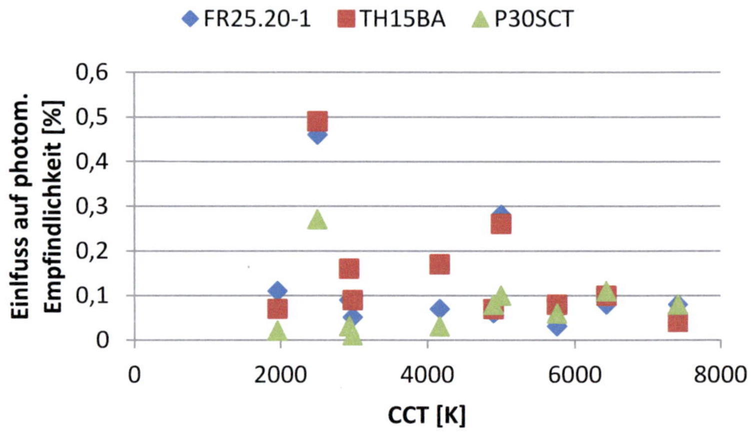

Abbildung 18
F. Sametoglu: „Relation between the illuminance responsivity of a
photometer and the spectral power distribution of a source" [19]

Die Theorie des smcf und eine weitere Untersuchung über die Größenordnung der Werte werden ebenfalls in der Norm 13032-Teil4
beschrieben. In einer Studie mit 200 LEDs und 120 Photometerköpfen wurden die smcf berechnet und die maximalen und minimalen
Werte zusammengefasst. Die Abbildung 19 zeigt die Ergebnisse dieser Studie in Abhängigkeit der Kennzahlen f_1'.

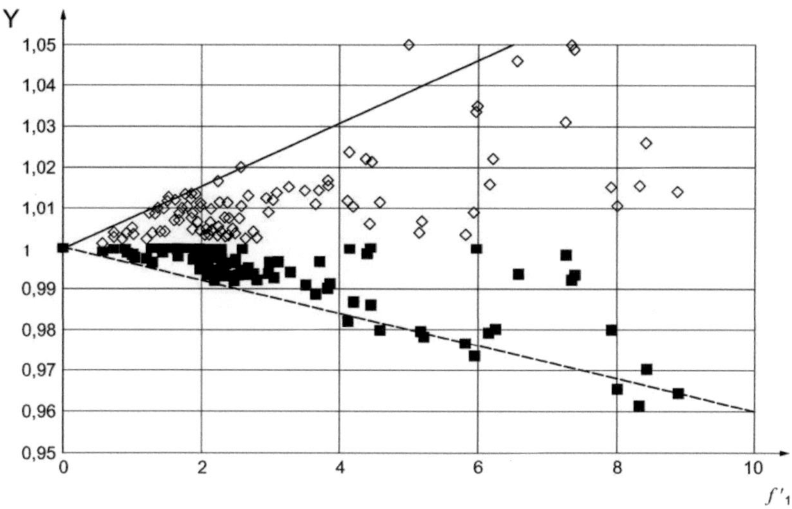

Abbildung 19
Smcf für weiße Leuchtstoff-LEDs und unterschiedliche f1´-Werte
von Photometerköpfen [20]

Je größer die Kennzahl wird, desto schlechter ist die $V(\lambda)$-Anpassung. Aus der Studie geht hervor, dass, je schlechter die $V(\lambda)$-Anpassung ist, desto größer wird der smcf-Wert. Aus dieser Studie wird für die Abschätzung der Unsicherheit für weiße Leuchtstoff LEDs folgendes empfohlen: „Für einen Einfluss von weniger als 1% sollte daher für solche LEDs ein Photometer mit $f_1´<1,6\%$ benutzt werden." [20]

Die Norm CIE No.53 enthält ebenfalls eine Empfehlung für die LED Technologie. Zitat: „Keeping in mind further developments in lamp technology, the list of sources in table 1 is open to future revision"

[17]. Der Anhang kann durch LED-Referenzspektren erweitert werden. Mögliche Kriterien zur Auswahl dieser LED-Referenzspektren finden sich in der Norm für Anforderungen an die Arbeitsweise mit Leuchtstofflampen [21]. Darin werden genormte Farbarten aufgrund der Farbtemperatur und dazugehörigen Toleranzgebieten festgelegt. Diese Farbtemperaturen gehen von Warmweiß mit 2700K, Neutralweiß mit 4100K und 5800K über Kaltweiß bzw. Tageslichtweiß mit 6300K. In Abbildung 20 sind 5 LED-Spektren dieser Farbtemperaturen dargestellt. Die dazugehörigen relativen Daten stehen als Tabelle im Anhang.

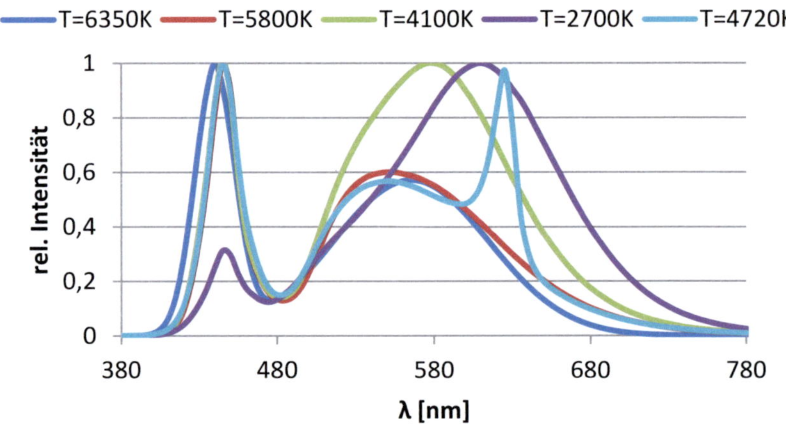

Abbildung 20
Vorschlag LED-Referenzspektren für Anhang CIE No.53

Mit diesen Referenzspektren könnte die Größenordnung des Fehlers durch die $V(\lambda)$-Anpassung des eigenen Photometerkopfes abgeschätzt werden. Für eine konkrete Korrektur des Signals bei einem Messobjekt muss das dazugehörige Spektrum separat gemessen werden.

Fazit dieser Ergebnisse ist, dass der Fehler aufgrund der $V(\lambda)$-Fehlanpassung berechnet werden kann und für Leuchtstofflampen und LED-Systeme in der gleichen Größenordnung liegt.

Bei einem Dreibereichsfarbmesskopf sind die einzelnen Farbkanäle angepasst an die Normspektralwertkurven. Auch diese Anpassungen entsprechen nicht exakt den Normkurven. Die Korrektur der Signale kann ebenfalls nach der Theorie des spectral mismatch correction factors durchgeführt werden. Die Auswirkungen dieser Fehlanpassung wurden im Rahmen dieser Arbeit nicht weiter untersucht.

SPEKTROMETER

Das Spektrum eines Messobjektes kann nicht mit einem Photometer, sondern muss mit einem Spektrometer gemessen werden. Im Rahmen dieser Arbeit wurde ausschließlich mit einem Array-Spektrometer gemessen. Die Auswirkungen des systematischen Fehlers des Streulichts werden deshalb bezogen auf ein Array-Spektrometer erklärt.

Hauptaufgabe eines Spektrometers ist es, das weiße Licht in seine spektralen Anteile aufzuspalten und diese Anteile zu detektieren. Die Aufspaltung wird entweder mit einem Prisma oder wie in Abbildung 21 mit einem Plangitter realisiert.

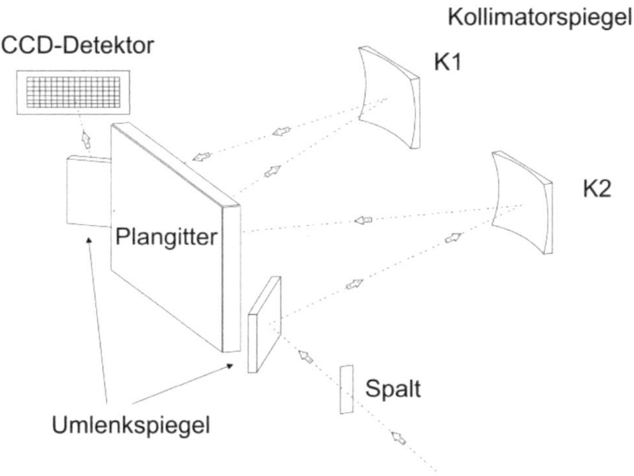

Abbildung 21
Skizze eines Spektrometers mit CCD-Array Detektor

Das hier dargestellte Spektrometer ist nach der Czerny-Turner-Konfiguration aufgebaut. Weißes Licht tritt durch den Eingangsspalt und wird durch einen Kollimatorspiegel auf das Plangitter gelenkt. Das Plangitter spaltet das Licht in die einzelnen Wellenlängen auf. Anschließend wird das Licht über einen Kollimatorspiegel auf den Detektor gelenkt. Ein CCD-Array wertet das Signal aus. Vorteil dieses Aufbaus ist die kompakte und robuste Bauweise, z.B. gibt es hier keine beweglichen Bauteile. Gleichzeitig erhält man durch den CCD-Detektor die gesamte spektrale Information mit einer Messung. Durch den kompakten Aufbau und die verwendete Technik werden bestimmte Einflussfaktoren verstärkt. Dazu gehören Faktoren wie das Streulicht, die Reproduzierbarkeit des Systems oder auch die Veränderung der Sensorempfindlichkeit bei Veränderung der Umgebungstemperatur. Unter diesen Faktoren ist das Streulicht der größte systematische Fehler eines Spektrometers. Der Begriff Streulicht fasst zwei Streulichtquellen zusammen. Zum einen hat man das Streulicht außerhalb des Spektrometers, was durch Wände, Bauteile zur Halterung von Messobjekt oder Spektrometer oder weitere zusätzlich streuende Teile verursacht wird. Zum anderen gibt es das Streulicht, was innerhalb des Spektrometers verursacht wird. Dabei werden die einzelnen Wellenlängen an den zur Lenkung benötigten optischen Bauteilen gestreut. Dieses sog. spektrale Streulicht überlagert sich mit dem eigentlichen Signal und verfälscht das Messergebnis. In der Veröffentlichung "Simple spectral stray light correction method for array spectroradiometers" [22] findet sich eine Methode zur Korrektur dieses systematischen Fehlers. Zur Korrektur ist im Vorfeld eine Vielzahl von Messungen für einzelne Wellenlängen notwendig. Die Korrektur findet anschließend über Matrizenmultiplikationen statt. Die Einzelheiten zu dieser Methode sind in der Veröffentlichung nachzulesen [22] und werden hier nicht weiter erörtert.

GESAMTMESSUNSICHERHEIT

Sowohl der systematische Fehler der $V(\lambda)$-Anpassung, als auch das Streulicht tragen zur Gesamtunsicherheit des Messergebnisses bei. Wie groß der Anteil dieser systematischen Fehler an der Gesamtunsicherheit ist variiert von Messung zu Messung. Anhand der Unsicherheitsbudgets kann dieser Einfluss zu den zugehörigen Messungen abgelesen und die Gesamtunsicherheit der Messwerte berechnet werden. Die Gesamtmessunsicherheit definiert ein Intervall um den Messwert. Würde man die Messungen woanders und mit beliebigem Messverfahren wiederholt, werden die Messwerte zu 95% in diesem Intervall erwartet. [23] Ein Unsicherheitsbugdet wird jeweils für eine bestimmte Messung und bestimmten Rahmenbedingungen aufgestellt.

Zwei Unsicherheitsbudgets für die Messung einer Lichtstärke werden hier kurz gegenüber gestellt. Das eine Budget wurde von der Physikalisch Technischen Bundesanstalt in Braunschweig aufgestellt. Die Lichtstärke wurde dabei mit einem Photometer gemessen [23]. Das zweite Unsicherheitsbudget wird aus der Veröffentlichung „Uncertainty evaluation for the spectroradiometric measurement of the averaged light-emitting diode intensity" genommen. Auch dieses Budget wurde für die Lichtstärke aufgestellt, das Signal wurde aber mit einem Spektrometer gemessen. In beiden Fällen wurde eine weiße 5mm LED nach der Messgeometrie in der Publikation CIE 127 [24] vermessen. In den jeweiligen Unsicherheitsbudgets wurden die gerade erwähnten systematischen Fehler berücksichtigt und der Messwert dahingehend korrigiert. Beide Unsicherheitsbudgets sind im Anhang dieser Arbeit aufgeführt. Im Vergleich der beiden Budgets ist zu erkennen, dass beide systematischen Fehler unter den Faktoren sind, die das Messergebnis am Meisten beeinflussen. Das Streulicht hat einen Anteil von 1,53% an der Gesamtmessunsicherheit und der smcf hat einen Anteil von 0,17%. Der zweite Unterschied findet sich im Wert der erweiterten Gesamtmessunsicherheit. der Messung mit Spektrometer mit 4,12% größer als die erweiterte Gesamtmessunsicherheit der Messung mit Photometerkopf mit 1,16%.

In den folgenden zwei Abschnitten werden eine winkelauflösende Messmethode und eine integrale Messmethode näher erläutert.

GONIOMETER

Mit der winkelauflösenden Methode eines Goniometers kann die lichttechnische oder die farbliche Abstrahlcharakteristik von LED-Systemen bestimmt werden. Der Detektor, ein Photometer, Farbmesskopf oder Spektrometer, nimmt an verschiedenen Winkelpositionen rund um ein LED-System das Signal auf. Die Abstrahlcharakteristik wird auf einer virtuellen Kugelfläche abgerastert, siehe Abbildung 22.

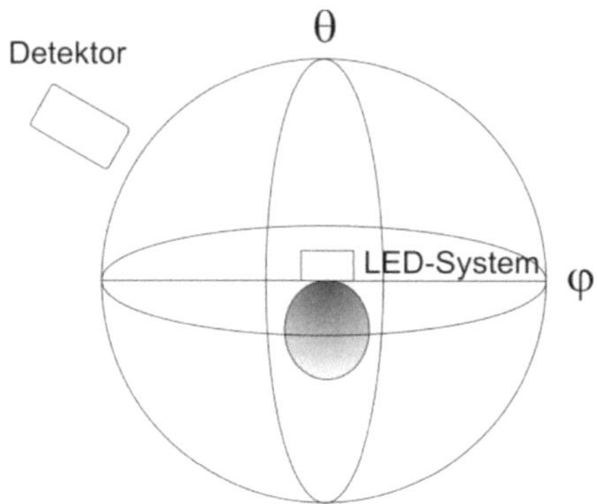

Abbildung 22
Skizze der virtuellen Kugelfläche, auf welcher mit einem Goniometer gemessen wird

Diese virtuelle Kugelfläche kann in unterschiedlichen Bahnen abgefahren werden. Die in der Lichttechnik verwendete Methode der C-
Ebenen wird hier kurz vorgestellt. In Abbildung 23 ist die Messung
nach C-Ebenen grafisch dargestellt. [25] Die Achse Z fällt hier mit
der optischen Achse des Detektors zusammen. Der Detektor wird
auf einer Ebene zu dieser Achse um den Winkel γ gedreht und die
Abstrahlcharakteristik in dieser Ebene aufgezeichnet. Der Winkel γ
wird je nach Goniometer auch θ genannt. Anschließend wird die C-
Ebene geändert, indem der Winkel φ um einige Grad gedreht wird.
Wird die Messung nach diesem System durchgeführt, so ist die Anzahl der C-Ebenen abhängig von den Winkelschritten $\Delta\varphi$. Wird als
Beispiel φ in 90°-Schritten gedreht, so sind 4 Ebenen gemessen - die
C0-Ebene, die C90-Ebene, die C180-Ebene und die C270-Ebene.

Diese Ebenen sind die 4 Hauptebenen. Mit diesen wird die Abstrahlcharakteristik einer Leuchte dargestellt.

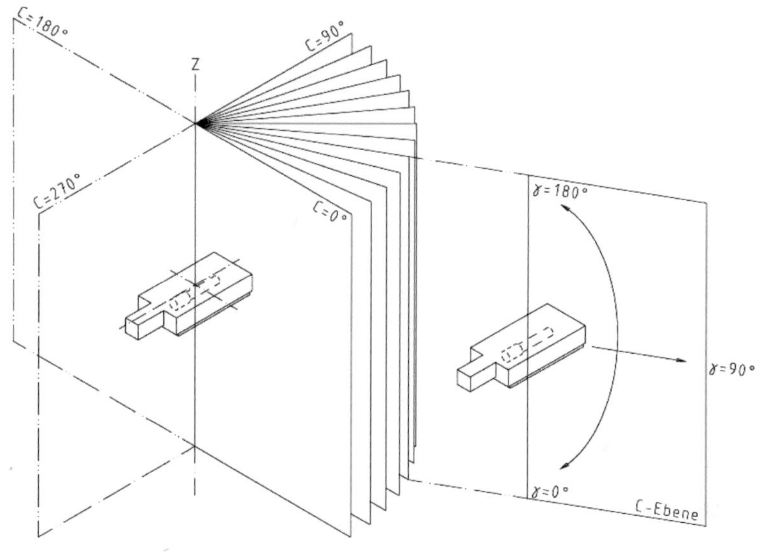

Abbildung 23
Skizze der winkelauflösenden Messmethode nach C-Ebenen [25]

Im Rahmen dieser Arbeit sind drei Einflussfaktoren für die Interpretation der Abstrahlcharakteristik von Bedeutung. Zum einen ist die Positionierung des Messobjekts wichtig. Das Zentrum der virtuellen Kugel, also der Mittelpunkt der Messebenen, muss mit dem Zentrum der Leuchte übereinstimmen. Ist das Zentrum der Leuchte auf einen Punkt daneben fehljustiert, wird die Abstrahlcharakteristik falsch dargestellt. Der zweite Punkt, der gerade bei LED-Systemen wichtig ist, ist die Winkelauflösung mit der gemessen wird. Abhängig von der Symmetrie der Abstrahlcharakteristik werden die Winkelschritte $\Delta\theta$ und $\Delta\varphi$ ausgewählt. Strahlt als Beispiel das LED-System asymmetrisch ab und werden die Winkelschritte zu groß gewählt, dann geht Information zwischen den einzelnen Messpunkten verloren. Das Ergebnis wäre unvollständig. Der dritte wichtige Punkt gilt sowohl für ein Goniometer als auch für die nachfolgende integrale Methode. LED-Systeme erreichen erst nach einer gewissen Zeit ihren stabilen Betriebspunkt. Die durch die LED-Technik entstehende Wärme muss über einen Kühlkörper abgeführt werden. Je nachdem wie der Kühlkörper ausgelegt ist dauert diese Stabilisierungsphase 15 Minuten bis hin zu 60 Minuten bei Retrofits. Der Begriff Retrofit bezeichnet LED-Systeme, die als Ersatz für die bisherigen Lampen eingesetzt werden. Während der Stabilisierungsphase, der Erwärmung des LED-Systems, ändern sich die Lichtmenge und die farblichen Eigenschaften der Abstrahlung. Eine Messung nach der winkelauflösenden Methode braucht Zeit. Diese Messzeit darf nicht mit der Aufwärmphase zusammenfallen, da die Abstrahlcharakteristik sonst verfälscht wird. Farbkoordinaten, die während dieser Phase gemessen werden, wären nicht aussagekräftig.

Diese Stabilisierungsphase muss auch bei der integralen Messmethode berücksichtigt werden.

ULBRICHT-KUGEL

Die integrale Methode beruht auf dem Prinzip der Ulbricht-Kugel. Bei einer Ulbricht Kugel wird das Licht über eine weiße Kugelinnenfläche gesammelt und das Signal mit einem Detektor in der Kugelwand ausgewertet, siehe Abbildung 24. Eine genaue Beschreibung der Messmethode ist in der Literatur ([20] oder [25]) zu finden.

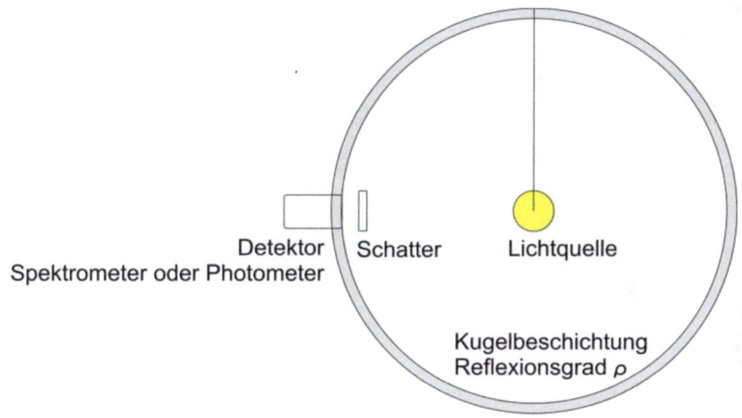

Abbildung 24
Skizze der Messemethode einer Ulbricht-Kugel

Die gesamte Lichtmenge des LED-Systems wird in der Ulbricht-Kugel auf einmal detektiert. Die Veränderung der Lichtmenge während der Stabilisierungsphase kann mit dieser Methode aufgezeichnet werden. Für eine Auswertung der Messergebnisse sollte die Stabilisierungsphase abgewartet werden, da sowohl die Lichtmenge, als auch die Farbkoordinaten ansonsten nicht die realen Betriebsbedingungen wiederspiegeln.

An der Kugelinnenfläche wird das Licht aller Abstrahlrichtungen reflektiert. Ein angeschlossenes Spektrometer empfängt das über die Innenfläche integrierte Licht und das Ergebnis ist ein über alle Raumrichtungen gemitteltes Spektrum. Die aus dem Spektrum berechneten Farbkoordinaten sind dann ebenfalls gemittelt und werden als integrale Farbkoordinaten bezeichnet.

Bei dieser Methode, der Messung der Farbkoordinaten mit einer Ulbricht-Kugel und einem Spektrometer, kann die weiße Beschichtung der Kugel einen Einfluss haben. Zitat: „Bei Verwendung einer Ulbricht-Kugel können durch die Selektivität der Kugelbeschichtung größere Messfehler auftreten." [6]. Die Kugelinnenfläche, sowie die verschiedenen Schatter innerhalb der Kugel sind mit hochreflektivem Weiß (BariumSulfat) beschichtet. Der Reflexionsgrad von Standard BariumSulfat BaSO4 ist abhängig von der Wellenlänge und liegt für das reine Material zwischen ca. 97% und ca. 99%. Bei Anwendung dieser Beschichtung in den Ulbrichtschen Kugeln kann der Reflexionsgrad an die jeweilige Anwendung angepasst werden. In Abbildung 25 ist die spektrale Selektivität von BaSO4 dargestellt. Unterhalb von ca. 600nm steigt der Reflexionsgrad leicht an und wird bei höheren Wellenlängen konstant. Der Blau-Peak und der Phosphor-Berg im Spektrum einer LED werden mit dieser Beschichtung unterschiedlich stark bewertet. Das reflektierte Spektrum ist im Vergleich zum originalen Spektrum verfälscht. Die aus dem reflektierten Spektrum berechneten integralen Farbkoordinaten können abweichen und der Messfehler wird dadurch größer.

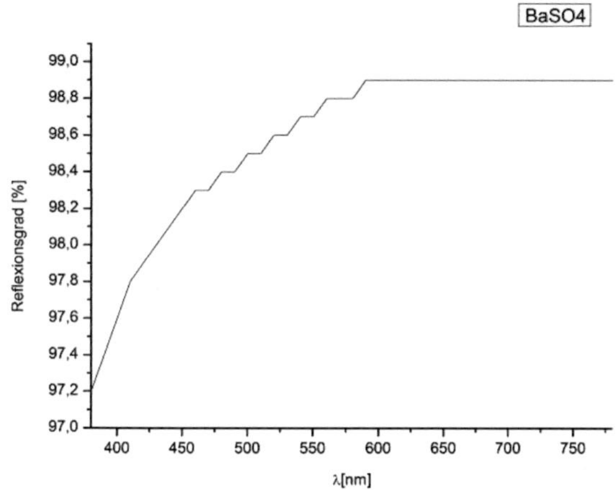

Abbildung 25
Reflexionsgrad Standard BariumSulfat-Beschichtung BaSO4

3. Methoden der Farbmessung

Eine vollständige lichttechnische Charakterisierung von Lichtquellen beinhaltet neben den allgemeinen Größen, wie Lichtstrom und Lichtstärkeverteilung auch die Messung der Farbe. Aus dem gemessenen relativen Spektrum können dann z.B. die Farbkoordinaten oder der smcf berechnet werden. In diesem Kapitel werden aktuelle Normen und die gängigen Farbmessmethoden kurz beschrieben und miteinander verglichen.

Im Folgenden sind 4 relevante Normen zum Thema Farbe bzw. Methode der Farbmessung aufgelistet:

- DIN5033 Farbmessung aus dem Jahr 1982 [6]

- DIN EN ISO 11664 Farbmetrik, als teilweiser Ersatz für die vorherige DIN5033 [26]

- CIE15-4 Colorimetry [9]

- IES LM 79-08 Electrical and Photometric Measurements of Solid State Lighting Products aus den USA [27]

Die DIN EN ISO 11664 und die CIE15-4 gehen verstärkt auf die Berechnung der Farbwerte und auf die verschiedenen Farbsysteme ein. Die Berechnungen der Farbwerte im Rahmen dieser Arbeit wurden im Grundlagenkapitel näher erläutert und werden an dieser Stelle nicht weiter ausgeführt.

Informationen über Farbmessmethoden enthalten die DIN5033 und die IES-LM-79. Die deutsche Norm DIN5033 besagt, dass die Wahl der Messmethode abhängig ist von der Abstrahlcharakteristik des Messobjektes. Ist die farbliche Abstrahlcharakteristik homogen kann der Farbort mit einer integralen Messmethode, z.B. einer Ulbricht-Kugel bestimmt werden. Ist zu erwarten dass das Messobjekt inhomogen abstrahlt, kann eine winkelauflösende Methode verwendet werden. Zitat: „Ist die Farbe der Lichtquelle in ihren verschiedenen Ausstrahlrichtungen unterschiedlich, so kann man das Farbmeßgerät um die Lichtquelle herumbewegen,...." [6]. Die Bezeichnung Farbmessgerät bezieht sich dabei sowohl auf Spektrometer als auch auf ein Dreibereichsfarbmessgerät. Die amerikanische Norm IES LM 79 bezieht sich dagegen speziell auf LED-Systeme, was anhand des Titels deutlich wird.

Im Rahmen dieser Arbeit wird bei der weiteren Betrachtung der Messmethoden zwischen dem einzelnen LED-Chip und dem LED-System unterschieden.

3.1   LED-Chip

Bei den einzelnen LED-Chips wird die farbliche Abstrahlcharakteristik von der Homogenität der Phosphorschicht bestimmt. Wird der Phosphor per chipnahem Coating aufgetragen, so entstehen kleinere Farbdifferenzen als bei der Methode des Phosphor-blub.

Die Farbkoordinaten von jedem einzelnen LED-Chip werden schon während der Produktionsphase gemessen und die Ergebnisse untereinander verglichen. Die Produktion der LED-Chips wird dadurch überwacht und die LED-Chips können anhand der Messergebnisse in verschiedene Klassen, sog. Bins, eingeteilt werden, siehe Kapitel 2.1. Für diese vergleichenden Messungen wird eine Ulbricht-Kugel verwendet. An der Kugelinnenfläche wird das Licht aller Abstrahlrichtungen reflektiert. Das Spektrometer empfängt das über die Innenfläche integrierte Licht und das Ergebnis sind sog. integrale Farbkoordinaten. Anhand der integralen Farbkoordinaten werden die LED-Chips in unterschiedliche Kategorien eingeteilt. Eine Skala für die Einteilung anhand verschiedener Farbkoordinaten ist in der ANSI C78.377-2011 „Specifications for the Chromaticity of Solid State Lighting Products" vorgeschlagen [11]. Anhand der integralen Farbkoordinaten werden die LED-Chips in Toleranzbereichen eingeordnet [11].

Zwei Aspekte spielen bei der Interpretation dieser Farbkoordinaten eine Rolle. Zum einen hat die Betriebstemperatur einen Einfluss auf die gemessenen Farbkoordinaten, sowohl bei LED-Chips als auch bei LED-Systemen. Werden die LED-Chips z.B. bei 25°C gebint, haben diese andere Farbkoordinaten als bei der späteren Betriebstemperatur von z.B. 100°C. Aus diesem Grund ist das Hot-Binning Verfahren mittlerweile Standard. Hier werden die LED-Chips bei einer Temperatur von ca. 85°C vermessen und anhand dieser Messwerte in Kategorien eingeteilt. Aus Farbmessungen bei Betriebstemperatur kann eine realistischere Aussage über das Verhalten der LED-Chips oder LED-Systeme bei realen Betriebsbedingungen gemacht werden. Der zweite Aspekt, der bei einer Interpretation der Farbkoordinaten zu berücksichtigen ist, sind die Messunsicherheiten von x und y. Im Folgenden wird eine Abschätzung der Messunsicherheit für die Farbkoordinaten x und y aus einer Veröffentlichung von L. Gardner „Uncertainty estimation in colour measurement" [28] vorgestellt. Die darin genannten Unsicherheiten werden dann exemplarisch auf die Toleranzvierecke der Norm ANSI_ANSLG C78.377-2011 Specifications for the Chromaticity of Solid State Lighting Products" [11] bezogen. Zur Berechnung der Unsicherheiten von x und y werden in der Veröffentlichung von J.Gardner folgende Annahmen gemacht: Es wird eine breitbandige Quelle vermessen und die gemessenen Farbkoordinaten entsprechen dem Gleichgewichtspunkt x=0,3333 und y=0,3333 in der Farbtafel. Die Bestrahlungsstärke wird mit einem Spektrometer ohne Ulbricht-Kugel gemessen und die Messunsicherheit der Bestrahlungsstärke sei 1%. Mit diesen Annahmen ergeben sich nach Gardner für die Farbkoordinate x eine Standardunsicherheit von u(x)=0,0003 und für y eine Standardunsicherheit von u(y)=0,0004. Die gemessenen Farbkoordinaten sind in der vierten Nachkommastelle unsicher. Gibt es Abweichungen zu diesen Annahmen, wird z.B. ein LED-Spektrum gemessen oder die Bestrahlungsstärke hat eine größere Unsicherheit, dann vergrößern sich gleichzeitig die Unsicherheiten der Farbkoordinaten. Die Einflussfaktoren einer U-Kugel gleich denen eines Goniometers können die Unsicherheit ebenfalls vergrößern.

Die Toleranzintervalle der Norm ANSI C78.377-2011 orientieren sich an der Farbtemperatur und werden in der Norm durch ein Viereck definiert. Die Eckpunkte sind jeweils durch die zugehörigen

Farbkoordinaten angegeben [11]. In Tabelle 3 sind die Werte für die Toleranzvierecke einer Farbtemperatur von 5000K und 5700K aufgelistet. Die Farbkoordinaten x und y werden hier bis zur fünften Nachkommastelle angegeben. Werden die Unsicherheiten von Gardner den Farbkoordinaten der Eckpunkte beispielhaft zugeordnet, müssten die Farbkoordinaten in Tabelle 3 in der Nachkommastelle begrenzt werden.

Tabelle 3
Eckpunkte des Farbvierecks des Toleranzbereichs für CCT=5700K
aus Literatur [11]

	x	y		x	y
	0,35500	0,37519	CCT = 5700K	0,33754	0,36185
	0,33754	0,36185		0,32052	0,34750
CCT = 5000K	0,33660	0,33718		0,32210	0,32547
	0,35137	0,34797		0,33660	0,33718
Center Point	0,34464	0,35506	Center Point	0,32867	0,34246

Wie anfangs erwähnt sind die integralen Farbkoordinaten über die gesamte Abstrahlung gemittelt. Der Nachteil ist, dass in den integralen Farbkoordinaten keine Aussage über die farbliche Abstrahlcharakteristik enthalten ist. Soll z.B. die Homogenität der Phosphorbeschichtung bestimmt werden, muss eine winkelauflösende Messmethode verwendet werden. Die farbliche Abstrahlcharakteristik von einzelnen LEDs wird meistens in einer Ebene bestimmt und als Referenz für alle LED-Chips derselben Bin-Klasse angegeben.

3.2 LED-SYSTEM

Werden die LED-Chips in das LED-System eingebaut, so ergibt sich eine neue farbliche Abstrahlcharakteristik. Beispielsweise verstärken sich die Farbschatten bei Verwendung von Optiken oder aufgrund der Anordnung der LED-Chips im System. Die Messung und Charakterisierung der farblichen Abstrahlcharakteristik wird umso wichtiger.

Die Wahl der Messmethode ist abhängig vom Messobjekt. Diese Auswahlregel galt bisher bei der Größe des Messobjektes und gilt jetzt ebenso für die Bestimmung der Farbinformation. Diese Aussage ist ebenfalls in den Messempfehlungen der Norm DIN5033-Teil8 aus dem Jahr 1982 verfasst. Die Einteilung der Messmethoden in der DIN5033-Teil8 findet dabei analog zu den Messungen der lichttechnischen Grundgrößen statt, entweder des Lichtstroms, der Lichtstärke, der Leuchtdichte oder der Beleuchtungsstärke [6]. Die Auswahl der Methode ist abhängig von der farblichen Abstrahlcharakteristik und vom gewünschten Ergebnis. Diese Einteilung und daraus folgend die Auswahl der Messmethode kann auf LED-Systeme übertragen werden.

Die amerikanische Norm LM79 [27] gibt Messempfehlungen speziell für LED-Systeme. Bevorzugt soll mit einer Ulbricht-Kugel gemessen werden. Die farbliche Abstrahlcharakteristik wird dadurch mit der Lichtintensität gewichtet und als Ergebnis stehen integrale Farbkoordinaten zur Verfügung. Falls keine Ulbricht-Kugel vorhanden ist, sollen nach der Norm zwei oder mehr C-Ebenen abgefahren werden, mit beliebigen Winkelschritten für ϕ. Diese Werte werden anschließend mathematisch über den θ-Winkel gemittelt und wieder über die Lichtstärke gewichtet. Beide Methoden liefern als Ergebnis integrale Farbkoordinaten und enthalten keine Information mehr über die farbliche Abstrahlcharakteristik. Der räumliche Farbverteilungskörper der gerade bei LED-Systemen inhomogen sein kann, lässt sich daraus nicht beurteilen.

Fazit

Bei der Auswahl der Messmethode muss die erwartete farbliche Abstrahlcharakteristik berücksichtigt werden. Es ist keine allgemeine Aussage über die Messmethode möglich, da sich die LED-Systeme in ihren Charakteristika deutlich unterscheiden.

Bei einer integrierenden Messmethode geht die Information der räumliche Farbverteilung verloren. Soll die farbliche Abstrahlcharakteristik bestimmt werden, muss mit einer winkelauflösenden Methode gemessen werden. Bei geeigneter Darstellung ist anhand der gemessenen Werte eine Auswertung des LED-Systems bezüglich der räumlichen Farbverteilung möglich.

Im nächsten Kapitel wird auf verschiedene Darstellungsmethoden näher eingegangen.

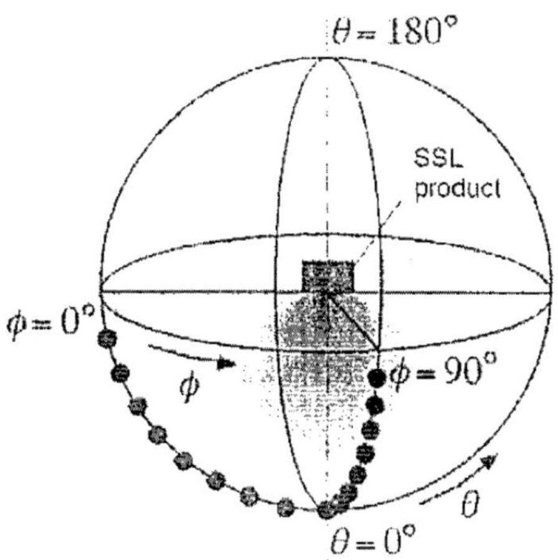

Abbildung 26
Messschema aus der IES LM 79-08 Electrical and Photometric
Measurements of Solid State Lighting Products [27]

4. Methode zur Darstellung

Ist das LED-System mit einem Goniometer vermessen, bekommt man als Ergebnis die Farbkoordinaten x und y in Abhängigkeit der Messwinkel θ und φ. In Abbildung 27 sind das Messergebnis und die Winkelabhängigkeit der gemessenen Farbkoordinaten dargestellt. Dieses Ergebnis muss in geeigneter Art und Weise dargestellt werden. Dabei soll in der Darstellung die farbliche Abstrahlcharakteristik erkennbar und Interpretationen der Farbveränderung möglich sein.

Im folgenden Kapitel werden zuerst zwei gängige Darstellungsmethoden aus der Industrie betrachtet und anschließend ein neuer Ansatz zur Darstellung vorgeschlagen. Dabei liegt der Schwerpunkt auf der Darstellung der farblichen Abstrahlcharakteristik von LED-Systemen.

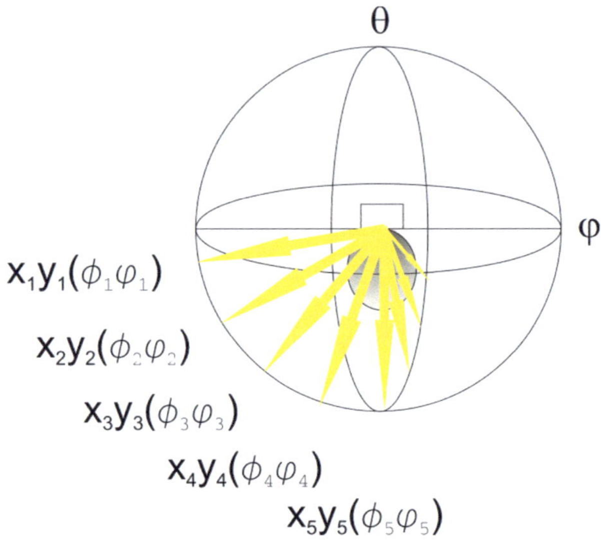

Abbildung 27
Skizze Messergebnis mit Goniometer und Spektrometer – spektrale
räumliche Verteilung

4.1   DARSTELLUNGSPROBLEMATIK

In der Darstellung der farblichen Abstrahlcharakteristik müssen 4
voneinander abhängige Parameter in geeigneter Form dargestellt
werden: Die Farbkoordinaten x und y und die Messwinkel θ und φ.
Im folgenden Abschnitt werden zwei gängige Beispiele aus der Industrie betrachtet und die Darstellungsmethoden gedanklich auf
LED-Systeme übertragen.

Eine Darstellungsmethode kommt aus der farblichen Charakterisierung von LED-Chips. Dabei wird die Abhängigkeit der Farbkoordi-

naten vom Betrachtungswinkel in einem xy-Diagramm aufgetragen. Die Farbkoordinaten x und y sind winkelaufgelöst in einer Messebene bestimmt und anschließend auf die Farbkoordinaten in Hauptabstrahlrichtung, hier 0°, normiert. Die Abweichung Δx bzw. Δy wird gegen den Betrachtungswinkel aufgetragen, siehe Abbildung 28 [29].

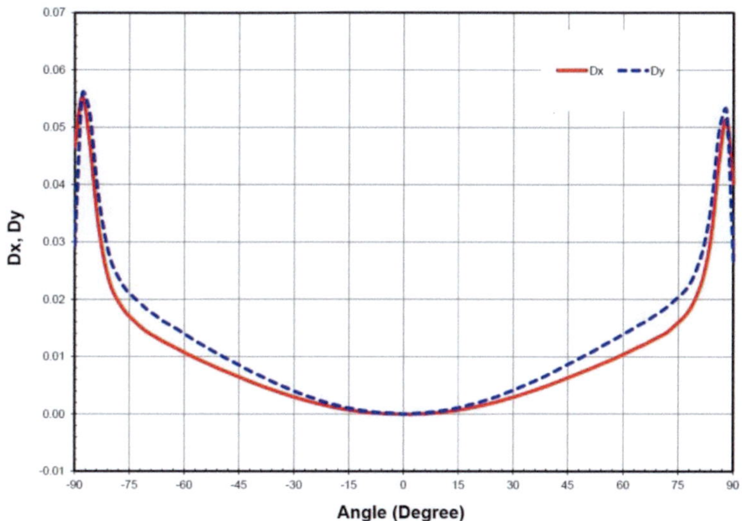

Abbildung 28
Darstellung Δx und Δy in Abhängigkeit des Messwinkels für einen LED-Chip von Philips [29]

Diese Methode der Darstellung zur farblichen Abstrahlcharakteristik wird sowohl im Normvalenzsystem CIE 1931, als auch im CIE1976 UCS Diagramm verwendet, siehe Abbildung 29 [30]. Diese

Darstellungen werden meistens in Datenblättern von LED-Chips angegeben, um die Homogenität der Phosphorschicht zu beurteilen.

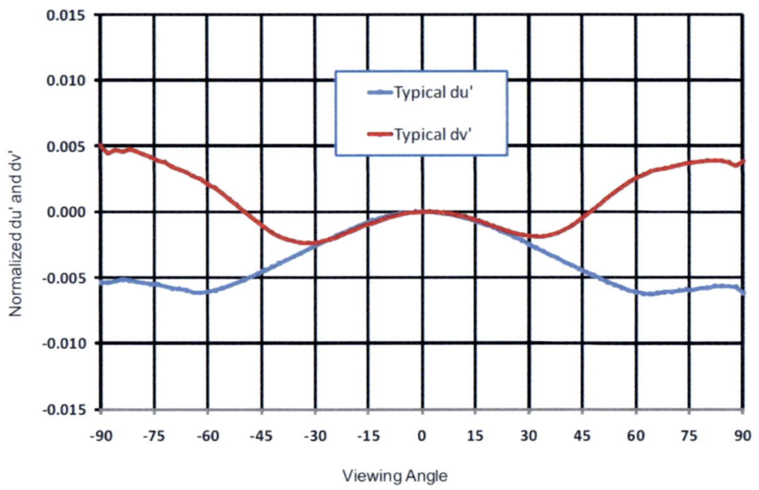

Abbildung 29
Darstellung $\Delta u'$ und $\Delta v'$ in Abhängigkeit des Messwinkels für einen LED-Chip von Philips [30]

In beiden Graphen ist stellvertretend für den gesamten LED-Chip der Verlauf der Farbkoordinaten in einer Messebene angegeben. Aus den Abweichungen einer einzelnen Messebene, z.B. C0-C180, wird dann auf die farbliche Abstrahlcharakteristik des ganzen LED-Chips geschlossen. Die Verallgemeinerung der Information aus einer Messebene auf die gesamte Abstrahlung ist nur möglich, wenn die Abstrahlung als rotationssymmetrisch angenommen werden kann. Bei einzelnen LED-Chips kann das angenommen werden. Für

LED-Systeme gilt diese generelle Aussage nicht mehr. Aufgrund der Anordnung der LED-Chips im System oder zusätzliche Optiken kann sich die farbliche Abstrahlcharakteristik unsymmetrisch verhalten. Eine einzelne Messebene reicht dann zur Charakterisierung der Farbverteilung nicht mehr aus. Werden mehrere Ebenen gemessen, so müssen die Darstellungen in Abbildung 28 und Abbildung 29 ergänzt werden. Die Anzahl der ergänzten Kurven hängt von der Abstrahlcharakteristik ab. Pro zusätzlich gemessener Ebene kommen zwei Kurven hinzu, eine für die x- oder u′-Koordinaten und eine für die y- oder v′-Koordinaten.

Gleichzeitig reicht bei vielen LED-Systemen ein Betrachtungswinkel von ±90° nicht aus. Im Unterschied zu LED-Chips strahlen viele LED-Systeme in den Vollraum ab. Der Betrachtungswinkel und dadurch die x-Achse der Darstellung müssten vergrößert werden. Ergänzt man die beiden genannten Punkte, die zusätzlichen Messebenen und den größeren Betrachtungswinkel, in Abbildung 28 und Abbildung 29 dann würde die Darstellung unübersichtlich werden. Die Interpretation der Kurven wäre komplizierter und Informationen über die farbliche Abstrahlcharakteristik des Messonjektes könnten verloren gehen.

Unabhängig davon hat die Darstellung der farblichen Abstrahlcharakteristik durch den Verlauf der Farbkoordinaten einen Nachteil. Die Farbkoordinaten x und y werden getrennt betrachtet. Die Farbinformation, ein Farbort, besteht grundsätzlich aus der Kombination von zwei Koordinaten, in diesem Fall den Koordinaten x und y. Diese Koordinaten sind voneinander abhängig und legen erst gemeinsam betrachtet den Farbort eines Systems in der Farbtafel fest, siehe Kapitel 2.1. Aussagen über Farbveränderungen also Verschiebungen des Farbortes sind nur möglich, wenn die Abhängigkeit der Farbkoordinaten berücksichtigt wird.

Die zweite Darstellungsmethode charakterisiert die farbliche Abstrahlung von LED-Systemen nicht über die Farbkoordinaten, sondern über die ähnlichste Farbtemperatur CCT (CCT = Correlated Color Temperatur). Die Farbkoordinaten werden winkelaufgelöst in vielen Ebenen gemessen. Die daraus berechnete Farbtemperatur wird farblich verschlüsselt und in Abhängigkeit der beiden Messwinkel θ und φ auf einer Halbkugel dargestellt, siehe Abbildung 30 [31]. Die farbliche Abstrahlcharakteristik wird auf eine dreidimensional dargestellte Halbkugel projiziert. Der Betrachtungswinkel ist in der Darstellung ebenfalls auf ±90° beschränkt. Die farbliche Charakterisierung von LED-Systemen die in den Vollraum abstrahlen ist damit nicht darstellbar. Für die Darstellung einer „Vollkugel" müsste zur vollständigen Charakterisierung ein zweiter Graph hinzugefügt werden. Genau wie bei einer Vielzahl von Kurven, geht bei zwei Graphen die Informationen über dasselbe Objekt darstellen, die Übersicht verloren.

Unabhängig von der Darstellungsproblematik ist die ähnlichste Farbtemperatur CCT als Größe zur Charakterisierung der Farbverteilung nicht geeignet. Die in Abbildung 30 aufgetragene ähnlichste Farbtemperatur entspricht einer Farbtemperatur auf den Judd-Linien, siehe Kapitel 2.1. Der reale Farbort (x,y) wird bei der Berechnung der ähnlichsten Farbtemperatur verlassen und die ur-

sprünglich gemessene Farbinformation geht verloren. Als Folge entspricht die Darstellung der ähnlichsten Farbtemperatur nicht der
realen farblichen Abstrahlcharakteristik des LED-Systems.

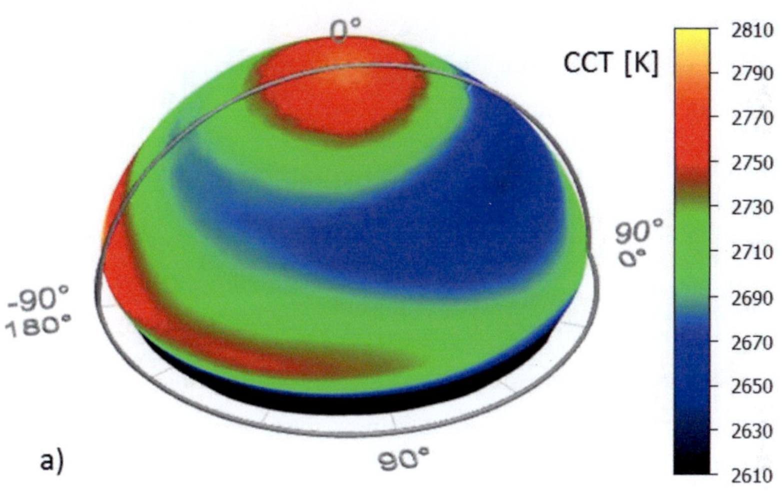

Abbildung 30
Darstellung der räumlichen Verteilung der ähnlichsten Farbtemperatur aufgetragen auf einer Halbkugel [31]

Zusammenfassend haben beide Darstellungsmethoden ihre Vor-
und Nachteile. Die Darstellung der Veränderung der Farbkoordinaten gibt die reale farbliche Abstrahlcharakteristik besser wieder als
die Darstellung der Verteilung der Farbtemperatur. Auf der anderen Seite lässt sich durch die Darstellung auf einer Halbkugel mehr
Information zusammenfassen. Inhomogene farbliche Abstrahlcha-

rakteristika können detaillierter dargestellt und betrachtet werden. Bei beiden Methoden ist die gewählte Darstellungsgröße zur Bewertung der farblichen Abstrahlcharakteristik und des Farbverteilungskörpers nicht geeignet.

Für eine aussagekräftige Darstellung der farblichen Abstrahlcharakteristik müssen daher eine geeignete Größe, sowie eine geeignete Darstellung gefunden werden. Im folgenden Kapitel wird ein neuer Ansatz vorgestellt.

4.2 FARBABSTANDSKURVE ΔXY

Wie auch bei den anderen Darstellungsmethoden fängt die Auswahl einer geeigneten Darstellungsgröße bei den Farbkoordinaten x und y an. In Abbildung 31 ist das winkelaufgelöste Messergebnis dargestellt. Wie schon erwähnt reicht die Darstellung der Veränderung der einzelnen Farbkoordinaten nicht aus. Die Abhängigkeit der Koordinaten voneinander muss bei der Beurteilung von Farbveränderungen berücksichtigt werden.

Die farbmetrische Größe, die diese Abhängigkeit berücksichtigt ist der Farbabstand Δxy, siehe Kapitel 2.1. Für das Normvalenzsystem lässt sich der Farbabstand Δxy mit den Referenzfarbkoordinaten x_R und y_R nach folgender Formel berechnen:

$$\Delta xy = \sqrt{(x - x_R)^2 + (y - y_R)^2}$$

Der Farbabstand Δxy trifft eine Aussage darüber, wie weit der Farbort xy von dem Referenzfarbort $x_R y_R$ entfernt ist. Die Referenzkoordinaten werden je nach Anwendungsfall ausgewählt, meistens wird eine Normlichtart als Referenz genommen um das Licht bezgl. einer Standardreferenz zu vergleichen. Farbliche Unterschiede innerhalb einer Leuchte, eines LED-Systems können ebenfalls durch den Farbabstand beschrieben werden. Dafür wird als Referenz eine Farbkoordinate innerhalb des LED-Systems ausgewählt. Farbunterschiede zu diesem Referenzpunkt können dann in den berechneten Farbabständen ausgedrückt werden.

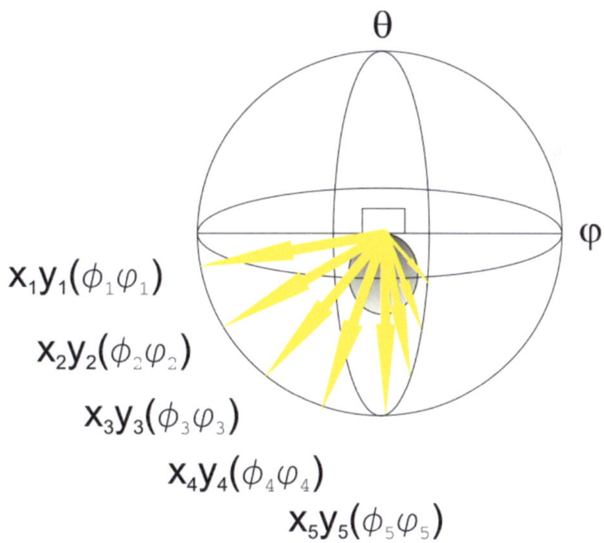

Abbildung 31
Skizze Messergebnis mit Goniometer und Spektrometer – spektrale
räumliche Verteilung

In dieser Arbeit wird als Referenz die Hauptausstrahlrichtung der vermessenen LED-Systeme verwendet. Die Hauptausstrahlrichtung entspricht dem messtechnischen Winkel von 180° und die Referenzkoordinaten werden mit $x_R(180°)$ und $y_R(180°)$ bezeichnet. Abbildung 32 veranschaulicht die Wahl der Referenzkoordinaten in Bezug auf das LED-System.

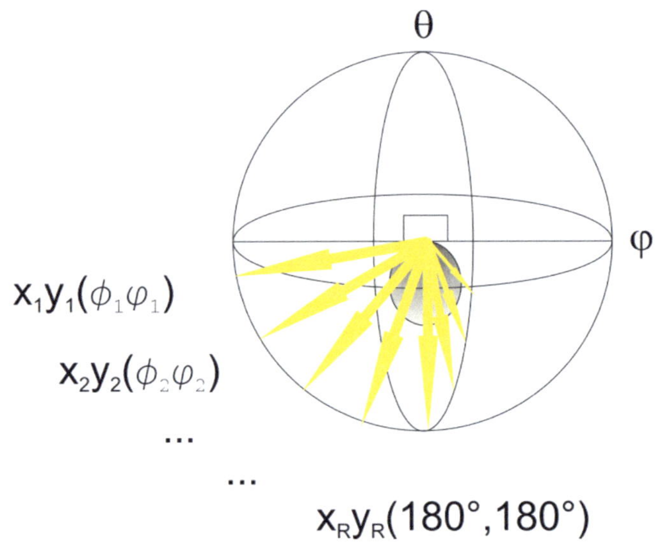

Abbildung 32
Skizze Referenzkoordinaten x_R y_R in Hauptausstrahlrichtung und Abhängigkeit der Farbkoordinaten von θ und φ

Anschließend werden die Farbabstände zwischen den Farbkoordinaten x_1y_1, x_2y_2, usw. und den Referenzkoordinaten $x_R(180°)$ und $y_R(180°)$ berechnet. Der Farbabstand in Hauptausstrahlrichtung bei

180° wird dabei 0. Bei der Berechnung des Farbabstandes wird die Abhängigkeit der Farbkoordinaten von den Messwinkeln θ und φ weitergegeben. Abbildung 33 verdeutlicht diese Abhängigkeit und stellt das Zwischenergebnis dar.

Mit dem Farbabstand wurde eine geeignete Größe zur Beschreibung von Farbortveränderungen ausgewählt. Nun gilt es, diese Farbabstände in einer geeigneten Darstellung zu veranschaulichen.

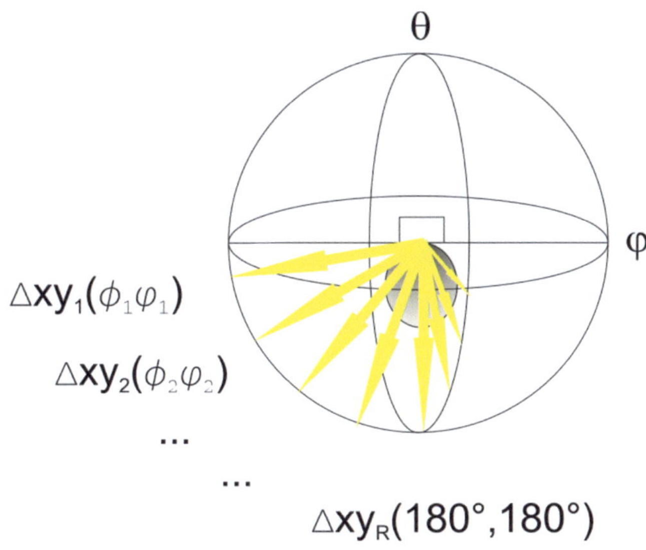

Abbildung 33
Skizze Farbabstände Δxy zu Referenzkoordinaten x_R y_R und deren Abhängigkeit von θ und φ

Äquivalent zu der Messung einer Lichtstärkeverteilung hängen die Farbabstände von θ und φ ab. Ebenfalls äquivalent zur Lichtstärkeverteilung können die Farbabstände als Kurven in einem Polardiagramm aufgetragen werden. Wird als Messmethode eine C-Ebenen-Messung gewählt, so können die Farbabstände einzelner C-Ebenen in ein Polardiagramm eingezeichnet werden. In Abbildung 34 sind die ersten Farbabstände einer C-Ebene als Andeutung einer Farbabstandsverteilungskurve eingezeichnet.

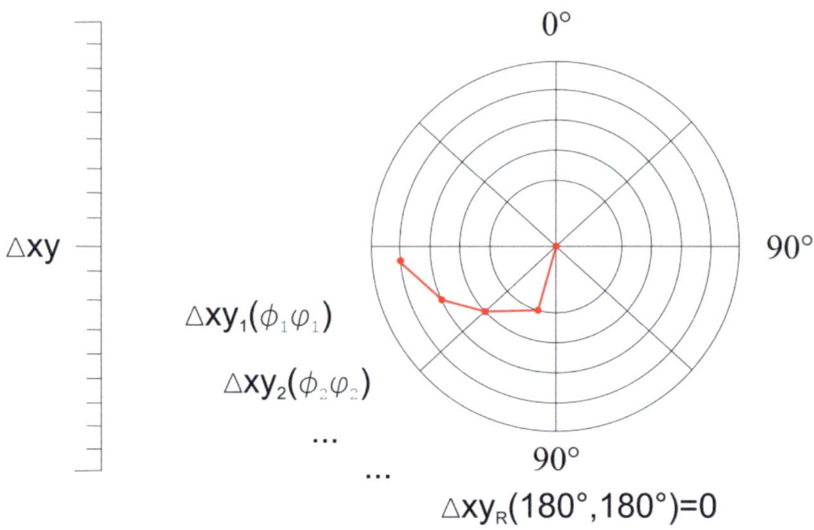

Abbildung 34
Schematische Zeichnung der Farbabstandsverteilungskurven;
3 Farbabstände zur Andeutung einer C-Ebene

Mit dieser Darstellungsmethode ist es möglich sowohl einzelne C-Ebenen, z.B. C0, C90, C180 und C270, als auch den gesamten Farbverteilungskörper darzustellen und anschließend zu interpretieren. In Kapitel 5 wird diese Methode, die Darstellung der farblichen Abstrahlcharakteristik durch Farbabstandverteilungskurven im Polardiagramm, auf reale LED-Systeme angewendet.

Im nächsten Abschnitt werden die Farbabstandverteilungskurven in das Farbsystem CIE 1976 UCS u′v′ übertragen und die daraus mögliche Interpretation bezüglich der Farbwahrnehmung betrachtet.

4.3 FARBABSTANDSKURVE Δu′v′

In dem Farbsystem CIE 1976 UCS wurde eine Verbesserung der Gleichabständigkeit der Farbkoordinaten erreicht, siehe Kapitel 2.1. Deshalb können aus dem Farbabstand Δu′v′ Aussagen über die Wahrnehmung von Farbunterschieden getroffen werden. Die einzelnen Farbkoordinaten u′ und v′ können aus den Farbkoordinaten x und y ausgerechnet werden. Der Farbabstand Δu′v′ wird dann äquivalent zu Δxy nach folgender Formel bestimmt:

$$\Delta u'v' = \sqrt{(u' - u'_R)^2 + (v' - v'_R)^2}$$

Auch hier werden Referenzkoordinaten u'_R und v'_R benötigt, zu denen der Farbabstand berechnet werden kann. Wie bei den Farbabstandverteilungskurven im Normvalenzsystem werden die Referenzkoordinaten u'_R und v'_R auf die Hauptausstrahlrichtung gelegt, u′(180°) und v′(180°). Die Farbabstände Δu′v′ sind ebenfalls abhängig von den Messwinkeln θ und φ, siehe Abbildung 35. Anschließend können die Farbabstandverteilungskurven wieder in einem Polardiagramm dargestellt werden. Das entstandene Diagramm gleicht dann dem in Abbildung 34, einzig die y-Achse zeigt die Werte für $\Delta u'v'$.

Die Farbabstandverteilungskurven für $\Delta u'v'$ werden ebenfalls in Kapitel 5 auf reale LED-Systeme angewandt. Um die Farbabstandverteilungskurven bezüglich der Wahrnehmung von Farbunterschieden interpretieren zu können, werden Grenzwerte benötigt.

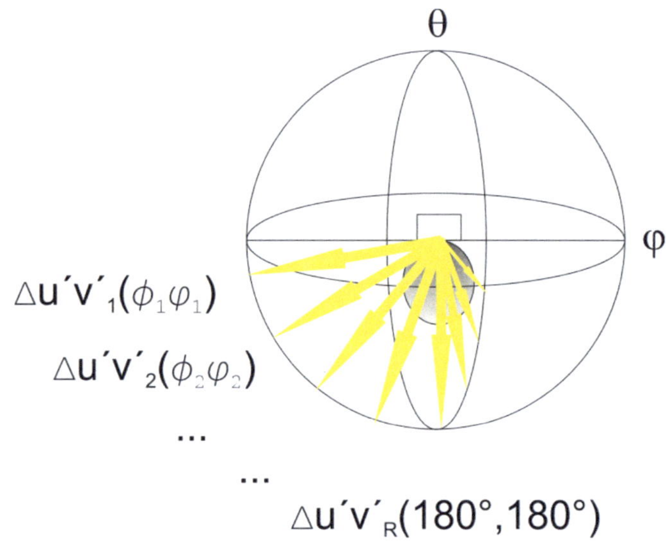

Abbildung 35
Skizze Farbabstände $\Delta u'v'$ zu Referenzkoordinaten $u'_R\ v'_R$ und deren Abhängigkeit von θ und φ

Wahrnehmungsgrenzen

Grenzwerte für Δu′v′ findet man in der Literatur zur Farbwahrnehmung viele. In verschiedenen Experimenten werden unter unterschiedlichen Umgebungsbedingungen Grenzwerte für die Wahrnehmung von Farbunterschieden ermittelt. Die Farbunterschiede für Δu′v′ werden bestimmten Kategorien zugeordnet. Kategorien sind z.B. „Farbdifferenz ist gar nicht wahrnehmbar", „ist gerade erkennbar" oder „ist störend". Im folgenden Abschnitt werden Grenzwerte für die Wahrnehmung aus einer Studie von K.Bieske vorgestellt. Diese Grenzwerte werden in Kapitel 5 beispielhaft auf die realen LED-Systeme angewendet.

In der Studie von Karin Bieske wurde die Wahrnehmung von Farbunterschieden bei unterschiedlichen Licht- und Körperfarben untersucht [32]. Von Interesse für die Interpretation der Farbabstandverteilungskurven sind die Untersuchungen und Ergebnisse für Lichtfarbentoleranzen zwischen benachbarten Leuchten. Bei dieser Untersuchung wurden zwei Leuchten nebeneinander bei bestimmten Umgebungsbedingungen von Probanden betrachtet und bezüglich des Farbunterschiedes bewertet. Dabei wurde die eine Leuchte als Referenz auf eine Farbtemperatur von 4000K eingestellt und die Farbtemperatur der zweiten Leuchte von den Probanden variiert. Die Farbtemperatur wurde so eingestellt, dass der Farbunterschied in den Kategorien „gerade erkannt", „sicher gesehen" und „als störend empfunden" wahrgenommen wurde. In jeder Kategorie wurden die Farbabstände zur Referenzleuchte bestimmt und als

Grenzwerte festgelegt. Die in der Studie ermittelten Grenzwerte sind in Tabelle 4 zusammengefasst [32].

Tabelle 4

Toleranz- bzw. Schwellwerte für die Wahrnehmung von Farbunterschieden zwischen benachbarten Leuchten aus einer Studie von K.Bieske [32]

Kriterium	gerade erkannt	sicher gesehen	störend empfunden
$\Delta u'v'$	0,0016	0,0049	0,0090

Für die Kategorie „gerade erkannt" ist der Farbabstand $\Delta u'v' =$ 0,0016 und für „sicher gesehen" ist der Farbabstand $\Delta u'v' = 0,0049$. Bei einem Wert von $\Delta u'v' = 0,0090$ wird der Farbunterschied als „störend empfunden". Diese Grenzwerte sind direkt ausschlaggebend für die Interpretation der Farbabstandverteilungskurven. Die Grenzwerte wurden außerdem für Rahmenbedingungen bestimmt, z.B. hatte die Referenzleuchte eine Farbtemperatur von 4000K. Die Anwendung dieser Grenzwerte auf die Farbabstandverteilungskurven $\Delta u'v'$ in Kapitel 5 ist daher ein erster Schritt, um die Funktion der Methode zu testen.

Fazit

Zusammenfassend wurden in diesem Kapitel zwei gängige Methoden zur Bewertung und Darstellung der farblichen Abstrahlcharakteristik von LED-Chips bzw. LED-Systemen miteinander verglichen. Beide Darstellungsgrößen dieser Methoden sind für die Bewertung des Farbverteilungskörpers von LED-Systemen ungeeignet, woraufhin im vorherigen Abschnitt des Kapitels der Farbabstand als geeignete Charakterisierungsgröße vorgeschlagen wurde. Die zur Referenz berechneten Farbabstände zu jeder Winkelposition θ und φ können dann in einem Polardiagramm eingezeichnet werden und bilden die Farbabstandverteilungskurven.

Dieses Kapitel hat sich ausschließlich mit der Theorie rund um die Farbabstandverteilungskurven beschäftigt. Im nächsten Kapitel wird diese Methode auf reale LED-Systeme angewandt und geprüft, ob sich die räumliche Farbverteilung darstellen lässt und eine Interpretation bez. Homogenität oder Wahrnehmung der Farbunterschiede daraus möglich ist.

5. Darstellung der Messobjekte

Die Methode der Farbabstandverteilungskurven wird in diesem Kapitel anhand von LED-Systemen überprüft. Die farbliche Abstrahlcharakteristik der verschiedenen LED-Systeme soll dargestellt und der Farbverteilungskörper interpretiert werden. Zur Vermessung der spektralen räumlichen Verteilung wurden ein Nahfeldgoniometer RiGO801 [33] und ein Spektrometer [34] verwendet. Abhängig von der Abstrahlcharakteristik der LED-Systeme wurde die Winkelauflösung für θ und φ ausgewählt. Die räumliche spektrale Verteilung wurde in einem Abstand von 30cm zum Messobjekt gemessen und mit den Farbabstandverteilungskurven dargestellt. Der Abstand von 30cm war vorgegeben durch den Bewegungsraum des Goniometers.

Als erstes LED-System wurde ein RGB-Scheinwerfer ausgewählt und vermessen. Durch die Kombination von farbigen LED-Chips und Optiken zur Strahlführung sind deutliche Farbschatten zu erwarten.

Weitere 4 LED-Systeme basieren auf Phosphor-Technik und unterscheiden sich durch ihre Abstrahlcharakteristik oder ihren technischen Aufbau. Zwei Systeme besitzen zusätzlich rote LED-Chips zur Veränderung der Farbtemperatur und Verbesserung der Farbwiedergabe. Die 4 LED-Systeme werden im folgenden Kapitel unterteilt nach ihrer Technik. Vermessen wurden ein LED-Retrofit als Spot, ein LED-Retrofit als 4π-Strahler und zwei LED-Light Engines. Die Farbabstandverteilungskurven werden in diesem Kapitel präsentiert und diskutiert.

5.1 RGB-SCHEINWERFER

Der RGB-Scheinwerfer ist aus 7 RGB-LED-Chips aufgebaut, siehe Abbildung 37. Wird der RGB-Scheinwerfer auf weißes Licht eingestellt, treten aufgrund der farbigen LEDs und kollimierenden TIR-Optiken deutlich sichtbare Farbschatten auf, siehe Abbildung 36. In diesem Abschnitt wird überprüft, ob diese extremen Farbschatten durch die Farbabstandverteilungskurven darstellbar sind.

Zur Vermessung der räumlichen spektralen Verteilung wurde das weiße Licht zu gleichen Anteilen aus Rot, Grün und Blau zusammen gemischt. Zur Bestimmung des Abstrahlwinkels wurde als erstes die Lichtstärkeverteilung gemessen. Die Winkelposition für θ, an dem kein Licht mehr gemessen wird ergibt sich aus dem Datensatz der LVK. Im Rahmen dieser Arbeit wird dieser Punkt als Abstrahlwinkel definiert. Für den RGB-Scheinwerfer ergibt sich ein Abstrahlwinkel von $\pm30°$.

Abbildung 36
Foto der farblichen Abstrahlcharakteristik des LED-RGB-
Scheinwerfers

Die räumliche spektrale Verteilung wurde über den Winkelbereich von 60° bestimmt. Der Winkel θ wurde von 150° bis 210° in 2°-Schritten abgefahren und der Winkel φ in 15° Schritten gedreht. Daraus ergeben sich insgesamt 24 C-Ebenen in denen die Farbabstände für jede Winkelposition in Bezug auf die Hauptabstrahlrichtung 180°, berechnet wurden, wie in Kapitel 4 beschrieben. In Abbildung 38 sind die Hauptebenen der Farbabstandverteilungskurven des RGB-Scheinwerfers dargestellt. Die C0- und C180-Ebenen in Schwarz und die C90- und C270-Ebenen in Rot.

Deutlich erkennbar ist in allen 4 Farbabstandverteilungskurven der Anstieg zum Rand des Messbereichs. Die Kurven in C0 C90 steigen dabei schneller an als die Kurven in C180 C270 und erreichen größere Maxima. Nahe der Hauptausstrahlrichtung sind außerdem Spitzen und Stufen im Verlauf der Kurven zu erkennen. Die Spitzen und Stufen nahe der Hauptausstrahlrichtung sind auf Farbflecken in der Mitte der Abstrahlcharakteristik zurück zu führen.

Sowohl die Vergrößerung der Farbabstände zum Rand hin als auch die sprunghaften Veränderungen nahe 180° sind auf die Abbildung der RGB-LEDs durch die Optiken zurück zu führen. Die RGB-Chips sitzen dezentral unter der Optik. Das Licht der einzelnen farbigen Chips wird deshalb asymmetrisch zur Optik abgebildet. Sobald alle drei Chips zusammen betrieben werden um weißes Licht zu erzeugen, überlagern sich die drei Farben. und und es entstehen Farbflecken und Farbränder, obwohl die Optik eine streuende Oberfläche besitzt, siehe Abbildung 37.

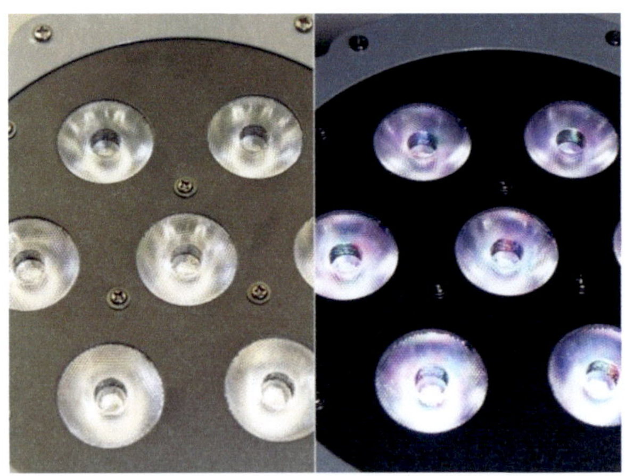

Abbildung 37
Foto des vermessenen RGB Scheinwerfers

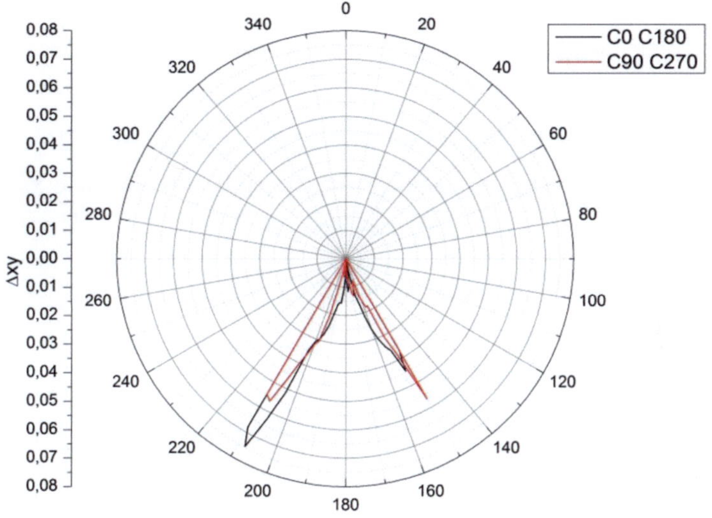

Abbildung 38
Hauptebenen C0 C180 (schwarz) und C90 C270 (rot) der Farbabstandskurven Δxy für RGB Scheinwerfer

Um Aussagen über den gesamten Farbverteilungskörper treffen zu
können werden alle gemessenen C-Ebenen betrachtet. Das Polardiagramm wird dazu auf alle 24 C-Ebenen erweitert, siehe Abbildung
39. Zu erkennen ist, dass die Farbabstandverteilungskurven in jeder
einzelnen Ebene unterschiedlich sind. Diese Unterschiede werden
wie bei den Hauptebenen erwähnt, durch die Optiken verursacht.

Sowohl die Form der Kurven als auch die Maxima unterscheiden
sich deutlich. Aus der Darstellung aller Kurven zusammen lässt sich
auf einen inhomogenen Farbverteilungskörper schließen.

Die farbliche Abstrahlcharakteristik des RGB-Scheinwerfers ist durch die Farbabstandverteilungskurven sowohl in der Darstellung der Hauptebenen als auch in allen Ebenen erkennbar. Der erwartet inhomogene Farbverteilungskörper kann durch die Farbabstandverteilungskurven dargestellt werden und der visuelle Eindruck in Abbildung 36 findet sich wieder.

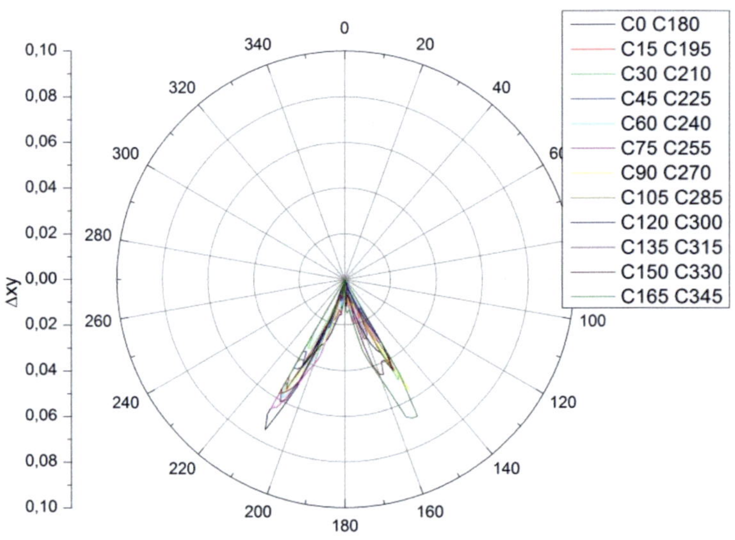

Abbildung 39
Alle gemessenen Ebenen der Farbabstandverteilungskurven Δxy für den RGB Scheinwerfer

Nach diesem LED-System mit spektral extremen Farbschatten wurden 4 LED-Systeme basierend auf Phosphor-Technik vermessen.

Die Farbveränderungen dieser Systeme sind kleiner, sollen aber dennoch anhand der Farbabstandverteilungskurven sichtbar sein.

Die dazugehörigen Ergebnisse werden in den folgenden Abschnitten präsentiert und diskutiert. Im nächsten Abschnitt wird zunächst ein LED-Spot betrachtet.

5.2   LED-Spot als Retrofit

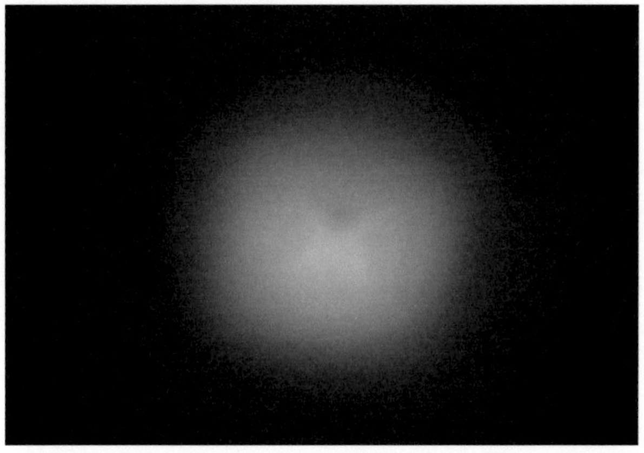

Abbildung 40
Foto der Abstrahlcharakteristik des LED-Spot

Der ausgewählte LED-Spot, ein Retrofit für E27 besteht aus einer Phosphor-LED, deren Licht durch eine TIR-Optik kollimiert wird. Durch die Optik werden die Farbveränderungen abgebildet, die durch eine inhomogene Phosphor-Schicht verursacht werden. Ein Foto der Abstrahlcharakteristik des LED-Spots ist in Abbildung 40 dargestellt. In Abbildung 41 ist die dazugehörige LVK dargestellt. Im Foto zu erkennen ist der bläuliche Innenbereich und ein gelblicher Ring zum Rand des Lichtkreises. Aus dem Datensatz der LVK geht hervor, dass die Lichtstärke bei einem Winkel von ±30° auf 0 abgesunken ist. Im Rahmen dieser Arbeit bezeichnet dieser Punkt den Abstrahlwinkel. Für den LED-Spot beträgt der Abstrahlwinkel somit 60°.

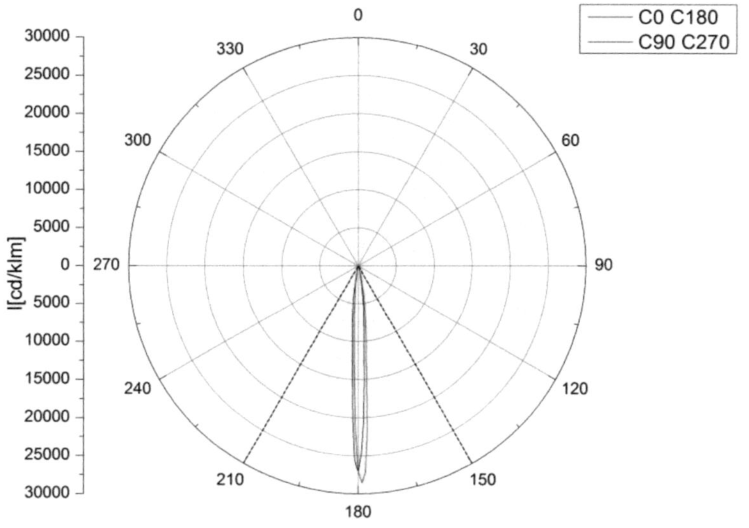

Abbildung 41
Lichtstärkeverteilungskurve des LED-Spots

Die spektrale räumliche Verteilung wurde anschließend über einen Winkelbereich von 150° - 210° gemessen, wobei θ in 2°-Schritten und φ in 15°-Schritten abgefahren wurde. Aus den Ergebnissen werden zuerst die Farbabstandverteilungskurven Δxy betrachtet. In Abbildung 42 sind die Hauptebenen der Farbabstandverteilungskurven des LED-Spots dargestellt und der Abstrahlwinkel durch die schwarz gepunkteten Linien gekennzeichnet.

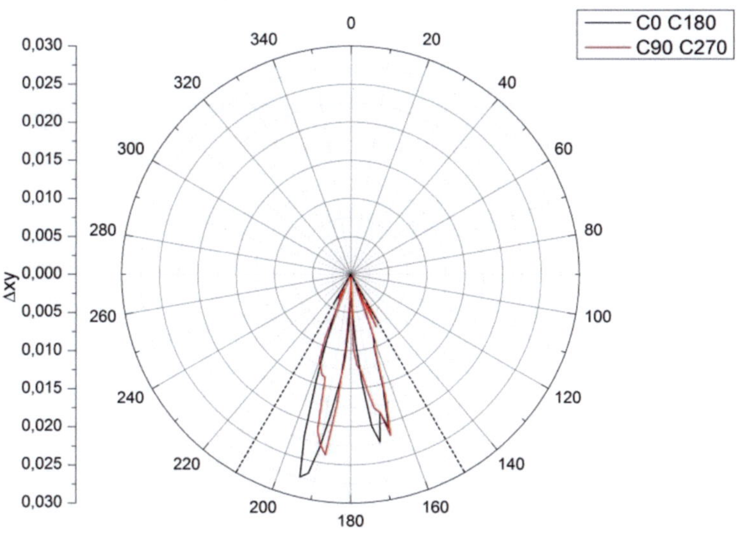

Abbildung 42
Haupt C-Ebenen der Farbabstandverteilungskurven für LED-Spot; der Abstrahlwinkel ist schwarz gepunktet eingezeichnet

In jeder Ebene bilden die Kurven Schlingen. Von der Hauptausstrahlrichtung bei 180° wenige Winkelschritte nach außen werden die Farbabstände schnell größer. Der Anstieg des Farbabstandes ist in allen 4 Ebenen gleich groß und bei ca. 170° bzw. 190° sind die Maxima erreicht. Weiter außen nehmen die Farbabstände wieder ab, bis sie bei ca. 160° bzw. 200° wieder nahezu 0 sind. Die Farbkoordinaten an diesen Punkten gleichen demnach den Referenzkoordinaten. Die kleinen Zacken am Rand des Abstrahlwinkels in den Bereichen von 150° und 210° sind fehlerhafte Messwerte aufgrund einer zu kleinen Aussteuerung des Spektrometers. Zur Verdeutlichung ist die Aussteuerung für alle C-Ebenen in Abbildung 43 aufgetragen.

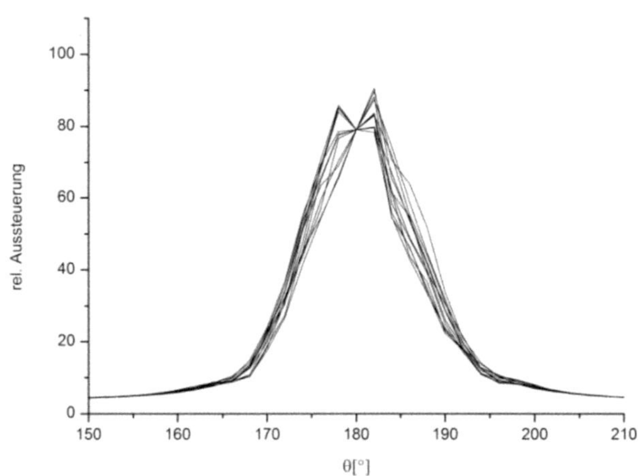

Abbildung 43
Aussteuerung Spektrometer für die räumlich spektrale Messung des
LED-Spot

Am Rand des Messbereichs bei 150° bzw. 210° wurde kein Signal gemessen. Die erreichte Aussteuerung von ca. 4% entspricht dem Grundrauschen des Spektrometers. Aus diesem Signal können keine Farbkoordinaten und kein Farbabstand berechnet werden. In Abbildung 44 werden die Farbabstandverteilungskurven aller gemessenen C-Ebenen für den LED-Spot dargestellt.

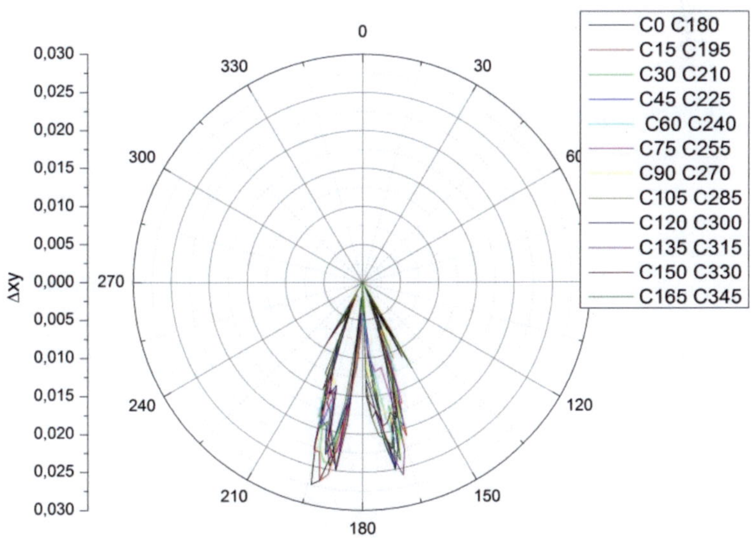

Abbildung 44
Alle gemessenen Ebenen der Farbabstandverteilungskurven Δxy für den LED-Spot

Zu sehen ist, dass die Kurven der anderen C-Ebenen an ähnlichen Stellen ansteigen und sinken wie die Haupteben. Die Formen der

Schlingen sind dagegen von Ebene zu Ebene unterschiedlich, ebenso die Maxima. Werden alle C-Ebenen so zusammengefasst, kann aus den Farbabstandverteilungskurven auf den Farbverteilungskörper geschlossen werden und in diesem Fall ist ein inhomogener Farbring anzunehmen. Der in dem Foto in Abbildung 40 sichtbare Farbring ist hier wieder zu erkennen. Die Maxima von $\Delta xy \approx 0{,}03$ des LED-Spots sind deutlich kleiner als die Maxima des RGB-Scheinwerfers mit $\Delta xy \approx 0{,}08$. Auch wenn die Farbunterschiede kleiner sind lässt sich die farbliche Abstrahlcharakteristik durch die Farbabstandverteilungskurven darstellen.

Abbildung 45
Foto des vermessenen LED-Spots

Aus der Form der Farbabstandverteilungskurven lässt sich wie beim RGB-Scheinwerfer auf den Aufbau des Systems schließen. Der Spot besteht aus einem einzelnen LED-Chip und einer TIR-Optik ohne streuende Oberfläche, siehe Abbildung 45.

Um eine Aussage bezüglich der Wahrnehmung der Farbunterschiede treffen zu können wurden die Farbabstandverteilungskurven in das Farbsystem CIE 1976 UCS transformiert. In Abbildung 46 sind wieder die Hauptebenen des LED-Spots dargestellt.

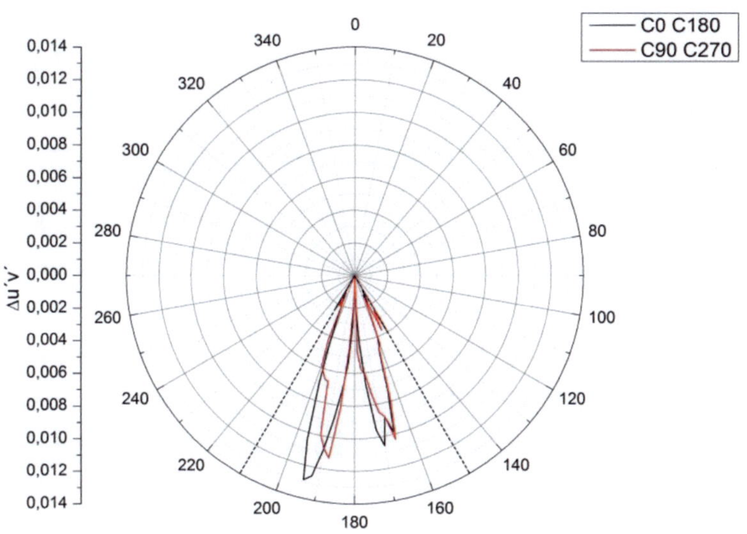

Abbildung 46
Hauptebenen der Farbabstandverteilungskurven in CIE 1976 UCS
für LED-Spot

Die Umrechnung der Koordinaten nach u'v' verursacht keine große Änderung in der Form der Farbabstandverteilungskurven. Aber die Skala der Farbabstände Δu'v' verändert sich hin zu kleineren Werten. Durch die veränderte Skala des Farbabstandes können aus Abbildung 46 direkt Aussagen über die Farbwahrnehmung getroffen werden. Die in Kapitel 4.3 erwähnten Wahrnehmungsgrenzen Δu'v'= 0,0016 für „gerade erkannt", Δu'v'= 0,0049 für „sicher gesehen" und Δu'v'=0,0090 für „störend empfunden" von K.Bieske [32] werden als Kreise in das Polardiagramm hinzugefügt, siehe Abbildung 47.

Durch die Kombination der Farbabstandverteilungskurven und den Grenzwerten als Kreisen in demselben Diagramm ist eine direkte Interpretation der Wahrnehmung der Farbschatten möglich.

Für den LED-Spot fällt der enge Bereich rund um 180° in den Wahrnehmungsbereich von „gerade erkannt" bis „sicher gesehen". Der weitere Verlauf der Farbabstandverteilungskurven bis hin zu den Maxima wird als „sicher gesehen" oder sogar „störend" bewertet. Der visuelle Eindruck der farblichen Abstrahlcharakteristik ist anhand der Farbabstandverteilungskurven in Δu'v' gut darstellbar.

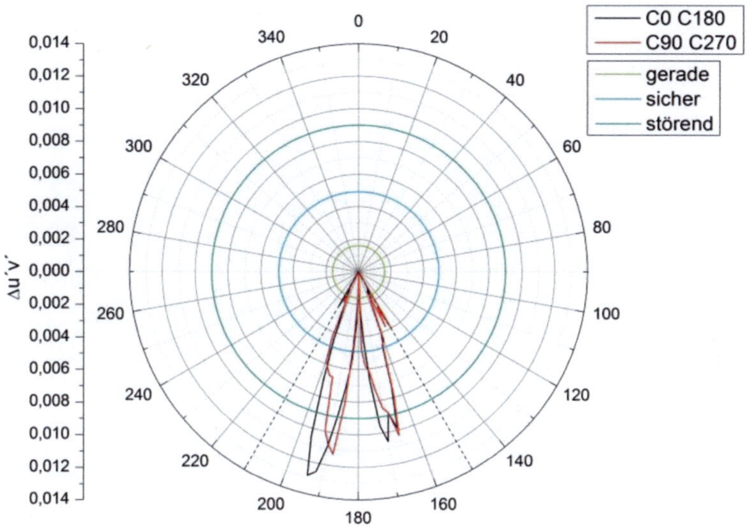

Abbildung 47

Hauptebenen der Farbabstandverteilungskurven in CIE 1976 UCS
für LED-Spot; Kreise zur Kennzeichnung der Wahrnehmungsgrenzen „gerade wahrnehmbar", „sicher erkennbar" und" als störend
empfunden „

5.3   4π – Strahler als Retrofit

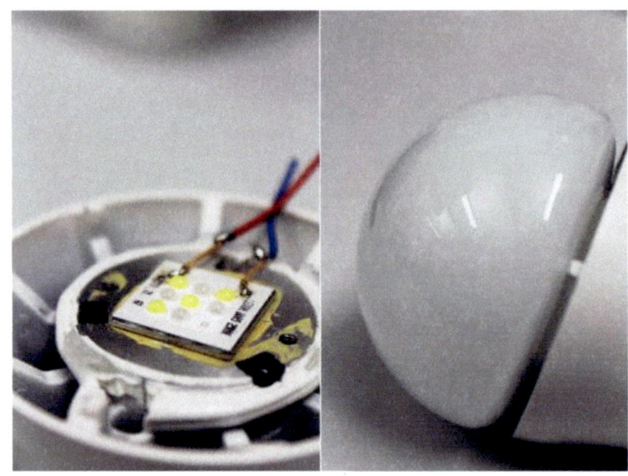

Abbildung 48
Foto 4π-Strahler Retrofit; LED-Chips und diffuse Halbkugel als Abdeckung

In diesem Kapitel wird geprüft, ob mit den Farbabstandverteilungskurven auch die Charakterisierung von Vollraumstrahlern möglich ist. Dazu wurde ein Retrofit ausgewählt, der in den Vollraum abstrahlt. In diesem LED-System sind sowohl Phosphor LED-Chips als auch rote LED-Chips verbaut um warmweißes Licht zu erzeugen und um den Farbwiedergabeindex zu erhöhen. Die Glühlampenform wird durch eine diffuse Halbkugel als Abdeckung der LEDs erreicht, siehe Abbildung 48.

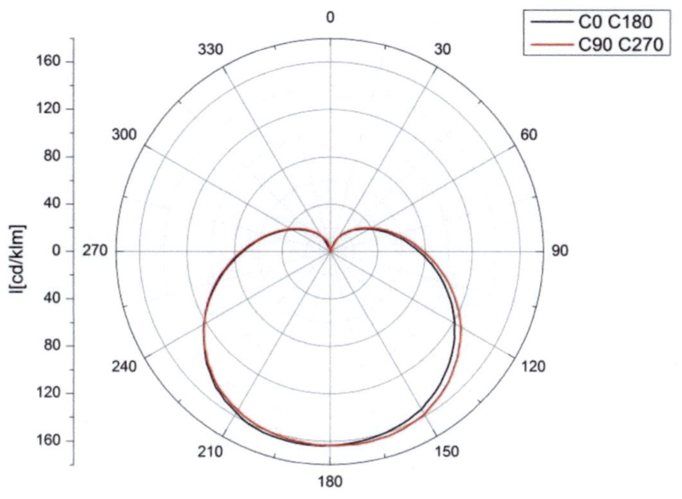

Abbildung 49
Lichtstärkeverteilung des LED-4π-Strahlers

Die räumliche spektrale Verteilung wurde in einem Winkelbereich von θ=30°-330° mit einer Auflösung von 2° gemessen. In die Bereiche 0°-30° und 330°-360° fällt aufgrund des Sockels kein Licht. Der Winkel φ wurde in 15°-Schritten gedreht. Aus dem relativen Spektrum wurden über die Farbkoordinaten die Farbabstandverteilungskurven berechnet. In Abbildung 50 sind die dazugehörigen Hauptebenen dargestellt.

Für die Beschreibung wird die Darstellung in den oberen Halbraum (270°-90°) und in den unteren Halbraum (90°-270°) eingeteilt. Im unteren Halbraum bleiben die Farbabstände deutlich kleiner als im oberen Halbraum. Die Maxima erreichen die Farbabstandverteilungskurven in Richtung des Sockels in den Winkelbereichen zwischen 30°-90° und 270°-330°.

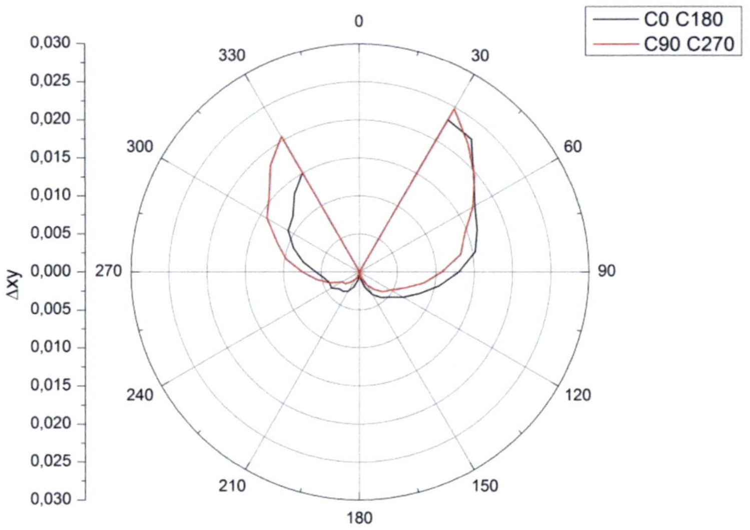

Abbildung 50
Haupt C-Ebenen der Farbabstandverteilungskurven für LED-4π-
Strahler

In Abbildung 50 ist gut zu erkennen, dass die Farbabstände größer werden sobald man seitlich auf das LED-System schaut. Dies und die größer werdenden Farbabstände Richtung Sockel sind auf die LED-Chips im System zurück zu führen. Der LED-Chip selber besteht aus 5 phosphor-konvertierten und 4 roten einzelnen LEDs, siehe Abbildung 48. Wird der Betrachtungswinkel flach zum Chip

verändern sich aufgrund der Phosphorschicht die Farben der weißen LEDs in Richtung gelb. In Kombination mit den rot abstrahlen-
den Chips werden dann die Farbveränderungen im Vergleich zur
Hauptabstrahlrichtung immer größer. Das zeigt sich in den Farbabstandverteilungskurven durch die größer werdenden Farbabstände
zum Sockel hin. Zu erkennen ist auch, dass die Kurven in den 4
Ebenen unterschiedlich ansteigen. In C0 ist die Veränderung des
Farbabstands am kleinsten und in den Ebenen C180 und C270 erreichen die Farbabstände maximale Werte von bis zu 0,025 bei 30°. Der
Farbverteilungskörper kann schon durch die Hauptebenen als inhomogen charakterisiert werden.

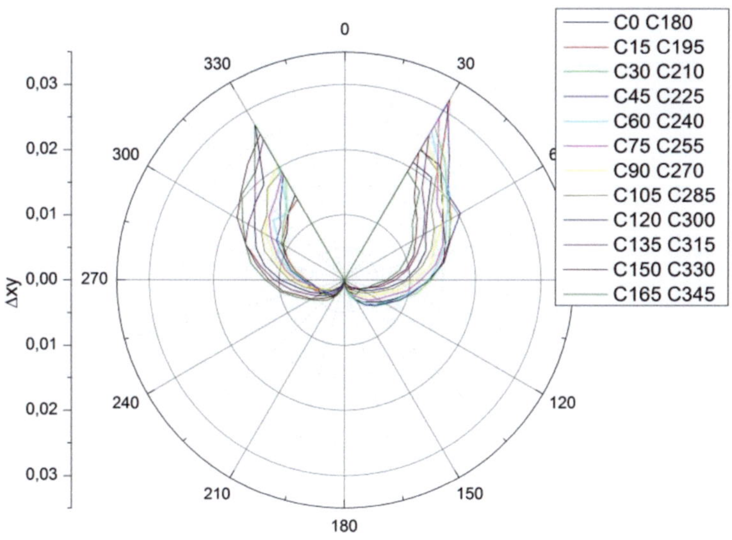

Abbildung 51
Alle Farbabstandverteilungskurven des LED-4π-Strahlers

Dieser Eindruck verdeutlicht sich, sobald alle gemessenen C-Ebenen der Farbabstandverteilungskurven in ein Diagramm gezeichnet werden, siehe Abbildung 51. Die Farbabstände und somit auch die Farbwerte verändern sich asymmetrisch in jeder C-Ebene. Dieses Verhalten spiegelt die Anordnung der einzelnen LED-Chips wieder.

Um eine Aussage über die Wahrnehmung treffen zu können werden die Farbabstandverteilungskurven im CIE 1976 UCS Farbsystem betrachtet. Hier kann beurteilt werden ob die maximalen Farbabstände in Richtung des Sockels wahrnehmbar sind.

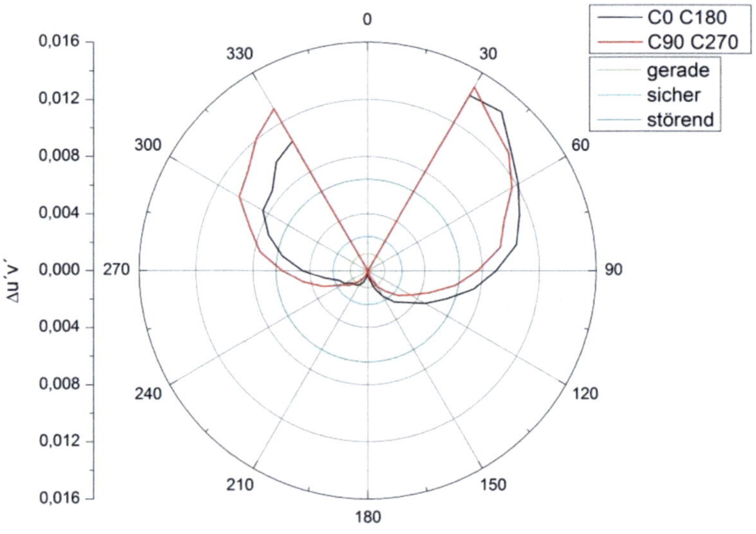

Abbildung 52
Farbabstandverteilungskurven Δu´v´ des LED-4π-Strahlers;
Wahrnehmungsgrenzwerte als Kreise

In Abbildung 52 sind die Hauptebenen der Farbabstandverteilungs-kurven Δu′v′ und die Grenzwerte der unterschiedlichen Kategorien als Kreise dargestellt. In allen 4 Ebenen werden die Farbabstände unterhalb von 90° und über 270° als störend bewertet. Im unteren Halbraum wird der Großteil der Farbabstände als „gerade erkannt" oder „sichtbar" bewertet.

Allgemeines Fazit für den Vollraumstrahler ist, dass sich die farbli-che Abstrahlcharakteristik durch die Farbabstandverteilungskurven darstellen lässt. Außerdem kann der Farbverteilungskörper als in-homogen charakterisiert werden.

5.4 LIGHT ENGINES

In diesem Abschnitt wird der Farbverteilungskörper von zwei Light Engines charakterisiert. Der technische Aufbau und die Zusammen-setzung des Spektrums sind dabei unterschiedlich. Die eine Light Engine von Philips basiert auf der Technik des Remote Phosphor, siehe Abbildung 53. Das Licht der blauen LEDs wird in einer Mischkammer homogenisiert bevor es anschließend durch die Phosphorschicht in weißes Licht umgewandelt wird. Dadurch soll eine homogene Farbverteilung erreicht werden. Die zweite Light Engine ist von Osram. Diese besitzt neben den weißen LED-Chips noch zusätzliche rote LEDs zur Variation der Farbtemperatur und Verbesserung der Farbwiedergabe, siehe Abbildung 54.

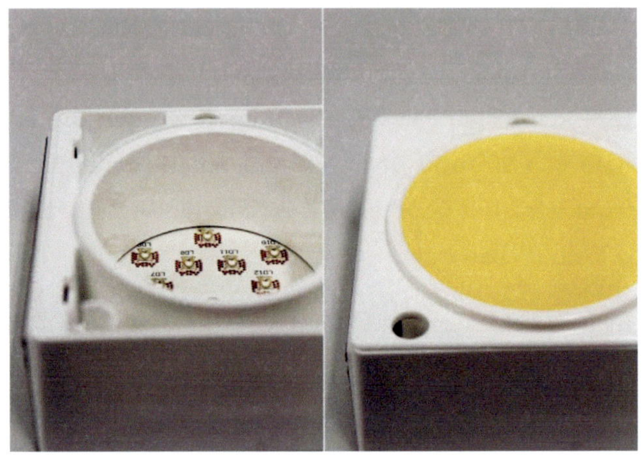

Abbildung 53
Foto Light Engine Philips

Abbildung 54
Foto Light Engine Osram

Beide Systeme strahlen lambertsch ab und aus dem Datensatz beider LVKs ergibt sich ein Abstrahlwinkel von ±90°. Für die Vermessung der räumlichen spektralen Verteilung wurde der Winkel θ auf einem Bereich von 90° bis 270° in 5°-Schritten variiert und der Winkel φ in 30°-Schritten gedreht.

Im Folgenden werden zuerst die Farbabstandverteilungskurven der Philips Light Engine betrachtet. In Abbildung 55 sind die Hauptebenen dargestellt.

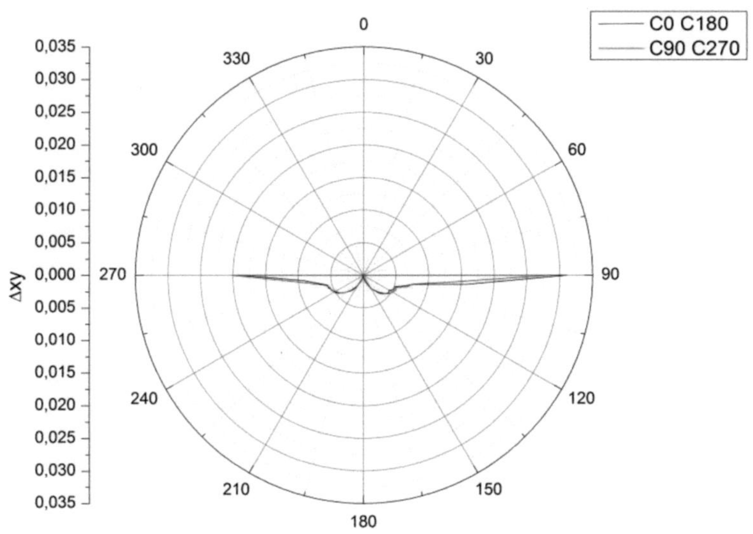

Abbildung 55
Hauptebenen Farbabstandverteilungskurven Light Engine Philips

Die 4 Ebenen der Farbabstandskurven verändern sich komplett symmetrisch. Ausgehend von 180° steigen die Farbabstände langsam an. Bei ca.105° und ca. 255° knicken die Kurven ab und die Farbabstände erreichen innerhalb weniger Schritte ihre Maxima bei 90° mit 0,03 und bei 270° mit 0,02. Die durch die Hauptebene angedeutete Rotationssymmetrie des Farbverteilungskörpers wird bestätigt, wenn alle C-Ebenen zusammen betrachtet werden. In Abbildung 56 sind alle 12 gemessenen C-Ebenen der Farbabstandverteilungskurven dargestellt. Die Kurvenform ist identisch für alle Ebenen, nur die erreichten Maxima bei 90° und 270° sind für einzelne Ebene leicht unterschiedlich.

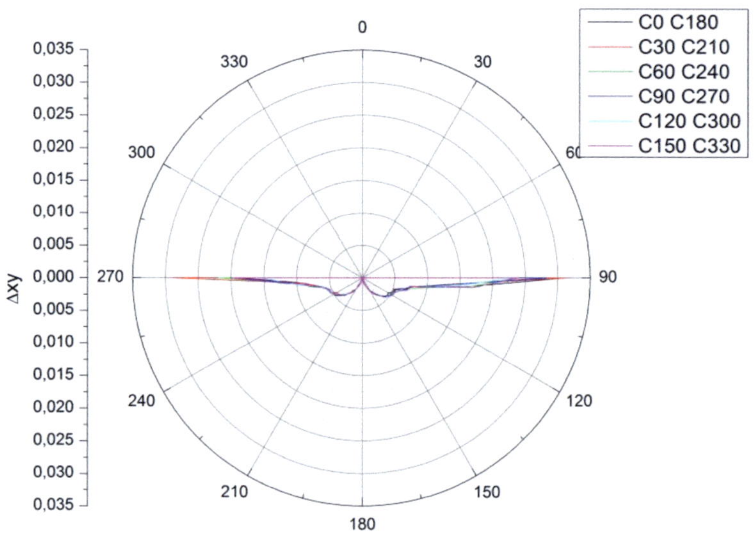

Abbildung 56
Alle 12 Farbabstandverteilungskurven Light Engine Philips

Die Form der Farbabstandverteilungskurven lässt sich durch den Aufbau der Light Engines erklären. Zur Verdeutlichung ist in Abbildung 57 schematisch der Querschnitt der Light Engine dargestellt. Unter einem Winkel von 180° wird die gesamte Mischkammer gesehen. Sobald der Winkel von der Hauptausstrahlrichtung abweicht verändert sich der „gesehene" Bereich. Dabei wird der „gesehene" Bereich der Mischkammer immer kleiner und gleichzeitig die „gesehene" Phosphor-Schicht dicker. Das Mischverhältnis des Lichts verändert sich und als Konsequenz verändert sich die Farbe. In den Farbabstandverteilungskurven steigt der Farbabstand langsam an. Unter flachen Betrachtungswinkeln wird das gemessene Licht von dem Phosphor dominiert und die Farbabstände in den Farbabstandverteilungskurven steigen innerhalb weniger Grad stark an.

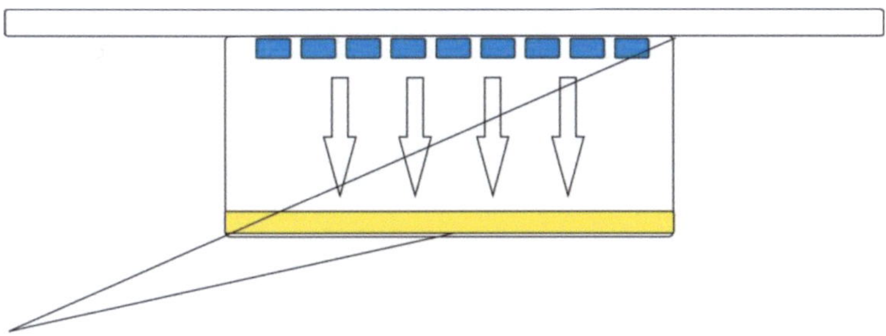

Abbildung 57
Skizze Light Engine Philips

Für die Auswertung der Wahrnehmung der Farbschatten von der Light Engine werden die Farbabstandverteilungskurven im Farbsystem CIE 1976 UCS betrachtet, siehe Abbildung 58. Die Hauptebenen der Kurven sind mit den Grenzwerten der Wahrnehmung aus der Studie von K.Bieske [32] kombiniert dargestellt. Der Bereich der Abstrahlcharakteristik zwischen 105°-255° fällt in die Kategorien „gerade gesehen" bzw. „sicher gesehen". Die Ränder mit dem starken Anstieg der Farbabstände werden als „sicher gesehen" bzw. „störend" bewertet.

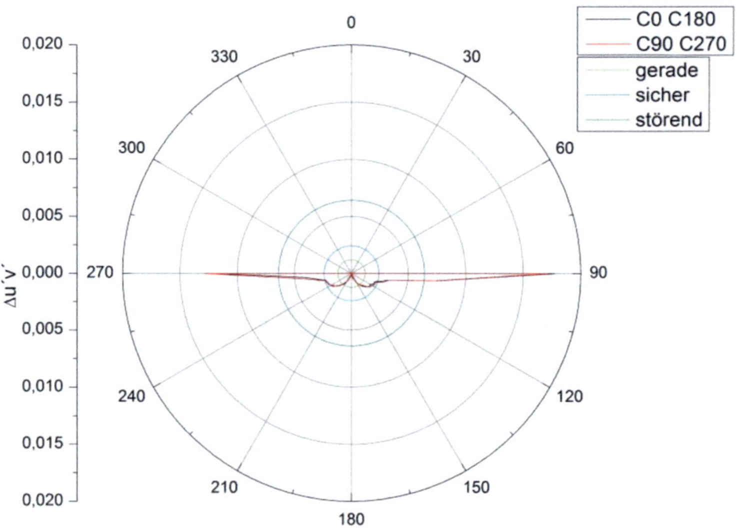

Abbildung 58
Farbabstandverteilungskurven Δu′v′ der Philips Light Engine;
Wahrnehmungsgrenzwerte als Kreise

Als zweite Light Engine wurde ein Modul von Osram vermessen. Die Hauptebenen der Farbabstandverteilungskurven für diese Light Engine sind in Abbildung 59 dargestellt. Alle 4 Kurven verlaufen annähernd symmetrisch und formen jeweils eine Schlinge. Ausgehend von 180° steigen die Farbabstände langsam an. Bei 110° bzw. 255° erreichen die Kurven ihr Maximum und sinken zum Rand des Abstrahlwinkels wieder ab. Bei 90° zeigen die Farbabstandverteilungskurven in C180 und C270 einen Peak.

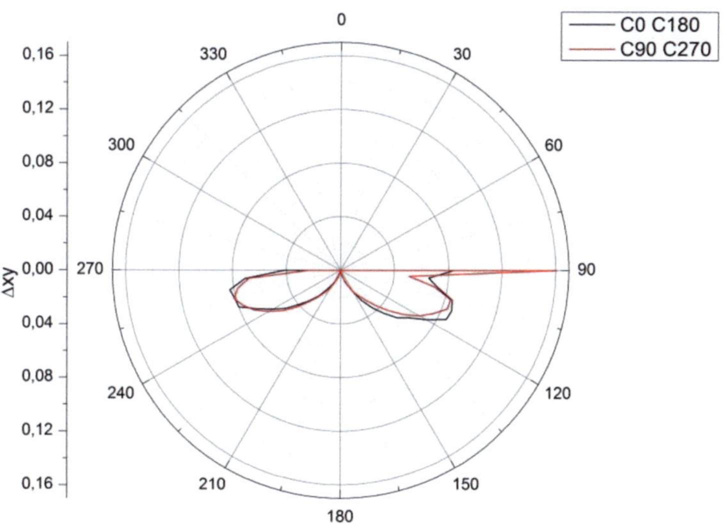

Abbildung 59
Hauptebenen Farbabstandverteilungskurven Light Engine Osram

Aus der Aussteuerung des Spektrometers geht hervor, dass an diesem Punkt kein Signal gemessen wurde, siehe Abbildung 60. Der Wert von 4% entspricht wieder dem Grundrauschen des Detektors und aus diesem Signal können keine Farbkoordinaten berechnet werden. Die an diesem Punkt bestimmten Farbabstände werden deshalb in der weiteren Betrachtung nicht berücksichtigt.

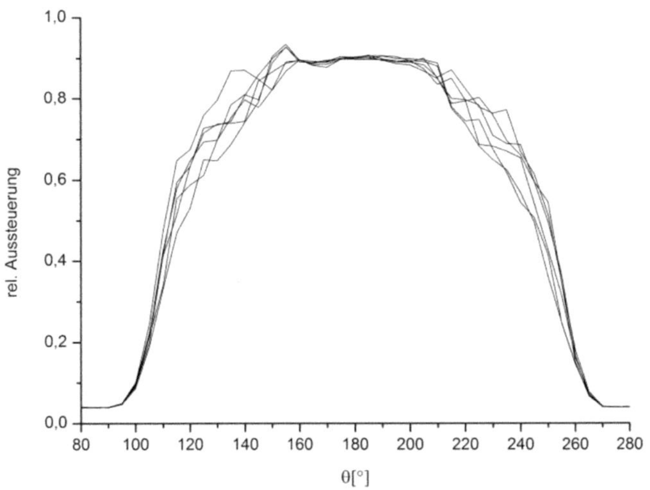

Abbildung 60

Aussteuerung Spektrometer für die räumlich spektrale Messung der Light Engine von Osram

Für Aussagen über den Farbverteilungskörper werden in Abbildung 61 alle 12 gemessenen C-Ebenen der Farbabstandverteilungskurven dargestellt. Es zeigt sich, dass der Farbverteilungskörper annähernd rotationssymmetrisch ist, was durch die Hauptebenen angedeutet wurde. Die Maxima der Farbabstände von bis zu 0,08 lassen auf deutliche Farbschatten schließen.

Die Form der Kurven, in diesem Fall die Schlinge ist durch den Aufbau der Light Engine zu erklären. Wie bei der Philips Light Engine ändert sich bei Winkeln neben der Hauptausstrahlrichtung 180° der „gesehene" Bereich. In diesem Fall verkleinert sich der Bereich der „gesehenen" LED-Chips. Gleichzeitig vergrößert sich der „gesehene" Anteil des Reflektors an der Innenwand der Light Engine, siehe Abbildung 54. Dieser lenkt das Licht in die Bereiche außerhalb der Hauptausstrahlrichtung. Das über den Reflektor gesehene Licht wird immer rötlicher im Vergleich zum Licht direkt über der Light Engine, da der über den Reflektor abgebildete Bereich immer weniger weiße LED-Chips sieht. Je mehr Reflektor gesehen wird, desto mehr verändert sich die Farbe und damit der Farbabstand. Wird die Fläche des gesehenen Reflektors wieder kleiner, dominiert wieder die Lichtmischung aus der gesamten Light Engine. Unter diesen Winkel nähern sich die Farbkoordinaten wieder an und der Farbabstand verkleinert sich.

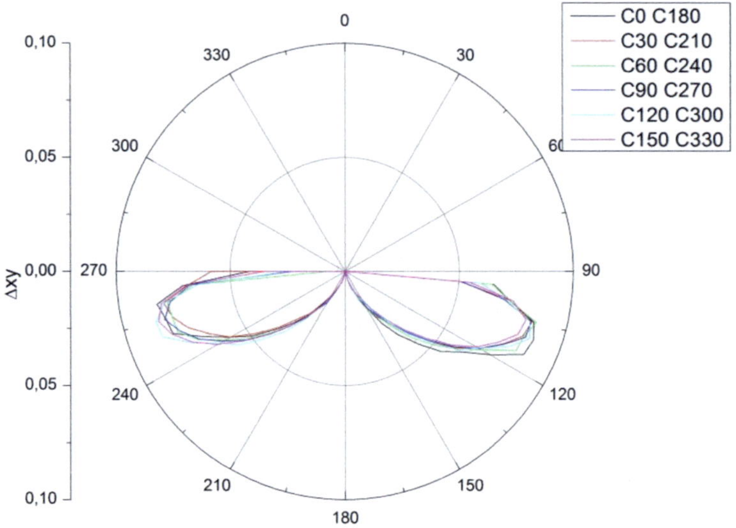

Abbildung 61

Alle C-Ebenen der Farbabstandverteilungskurven für die Light Engine Osram

Eine Aussage über die Wahrnehmung der Farbschatten ist anhand der Farbabstandverteilungskurven mit $\Delta u'v'$ möglich. In Abbildung 62 sind die Hauptebenen und die Kreise der drei Wahrnehmungskategorien dargestellt. Ab Winkeln von 150° bzw. 210° wird die Farbveränderung als „sichtbar" und einige Grad weiter als „störend" bewertet.

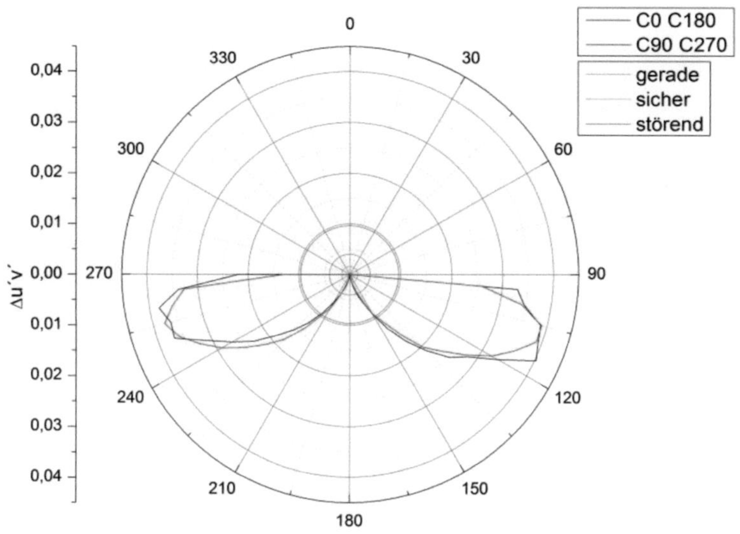

Abbildung 62
Farbabstandverteilungskurven Δu´v´ der Osram Light Engine;
Wahrnehmungsgrenzwerte als Kreise

5.5 DISKUSSION

Mit den Farbabstandverteilungskurven Δxy konnte für verschiedene LED-Systeme die farbliche Abstrahlcharakteristik dargestellt und
die Form des Farbverteilungskörpers beurteilt werden. Durch die
Ähnlichkeit der Darstellung zur LVK ist eine intuitive und schnelle
Interpretation und Auswertung möglich. Mit der Darstellung des
Farbabstandes in Polarkoordinaten kann die Homogenität der Farbe
beurteilt werden. Sobald die Farbkoordinaten von der Referenz in

Hauptausstrahlrichtung abweichen ist dies in den Farbabstandverteilungskurven darstellbar und quantifizierbar. Es können sowohl kleine als auch große Farbschatten dargestellt werden. Weiter sind mit dieser Methode gleichermaßen Spots, Halbraum- oder Vollraumstrahler charakterisierbar, ohne dass die Darstellung erweitert werden muss. Durch die Ähnlichkeit zur Lichtstärkeverteilungskurve lassen sich die Informationen beider Darstellungen miteinander verbinden. Aus den Farbabstandverteilungskurven der Light Engines konnte auch der technische Aufbau nachvollzogen werden.

An den Farbabstandverteilungskurven, egal ob Δxy oder $\Delta u'v'$ kann nicht beurteilt werden in welche Richtung sich die Farbe verändert. Die Information in welche spektrale Richtung sich die Farbe verschiebt geht bei der Umrechnung der Farbkoordinaten in den Farbabstand verloren.

Bei der Interpretation der Farbschatten bezüglich der Wahrnehmung muss die Helligkeit berücksichtigt werden. Je nachdem wie hell die Farbschatten sind, ist die Wahrnehmung der veränderten Farbe unterschiedlich. Die Farbabstandverteilungskurven in dieser Form enthalten darüber keine Information. Wechselt man dagegen in ein anderes Farbsystem, z.B. der Farbraum Lab ist in der Definition des Farbabstandes die Helligkeitskoordinate L enthalten. Prinzipiell können auch hier Farbabstandverteilungskurven berechnet werden. In Abbildung 63 ist zur Verdeutlichung die Farbabstandverteilung den in diesem Kapitel vermessenen LED-Spot dargestellt. Im Unterschied zu Abbildung 46 dominiert die Helligkeitskoordinate L die Form der Kurven. Informationen über die reine Farbveränderung gehen dabei verloren. Die farbliche Abstrahlcharakteristik und der Farbverteilungskörper sind nicht mehr erkennbar.

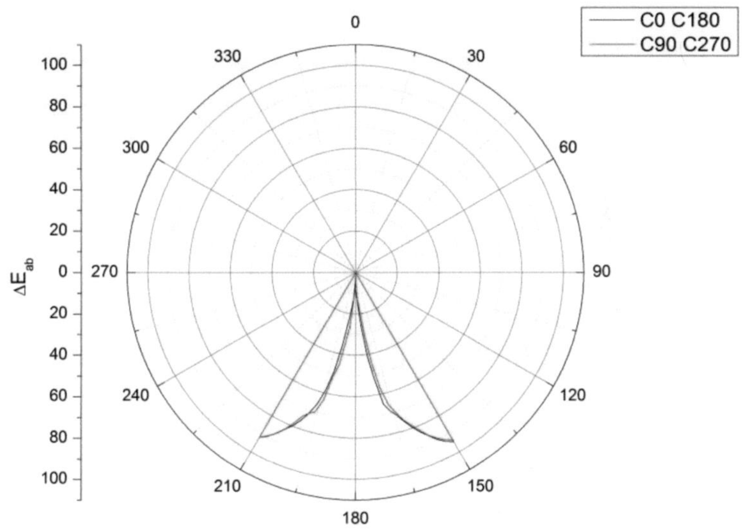

Abbildung 63
Hauptebenen der Farbabstandverteilungskurven des LED-Spots im Farbsystem CIE-Lab

Zur Interpretation der Farbabstandverteilungskurven bezüglich der Farbwahrnehmung sind, egal in welchem Farbsystem Grenzwerte notwendig. Die im Rahmen dieser Arbeit verwendeten Grenzwerte für $\Delta u'v'$ sind, neben anderen Parametern abhängig von der Farbtemperatur. Bei der Anwendung dieser oder ähnlicher Grenzwerte ist deshalb auf die Veränderung der Farbtemperatur innerhalb der

LED-Systeme zu achten. Je nachdem wie das System spektral zusammengesetzt ist, kann sich die Farbtemperatur abhängig vom Betrachtungswinkel verändern. In Abbildung 64 ist die Veränderung der Farbtemperatur innerhalb der farblichen Abstrahlcharakteristik des LED-Spots dargestellt. Die Farbtemperatur geht von 5250K bis 6000K am Rand der Abstrahlcharakteristik.

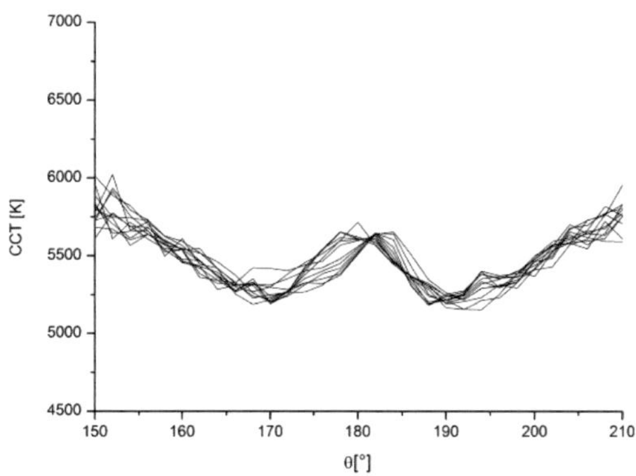

Abbildung 64
Veränderung der Farbtemperatur innerhalb der farblichen Abstrahlcharakteristik des LED-Spot

Bei den Interpretationen der Farbabstandverteilungskurven sollte allgemein zwischen zwei Punkten unterschieden werden. Auf der einen Seite steht die messtechnische Charakterisierung der Systeme. Dabei geht es um die farbliche Charakterisierung und die Abbildung der Technik des Systems, z.B. die Funktion von Mischkammern. Ist in einer Entfernung von 30cm gemessen worden, lässt das

Ergebnis Rückschlüsse auf den Aufbau des Systems und auf die Funktion von Bauteilen, wie z.B. einer Mischkammer zu. Das heißt aus dem Messergebnis kann auf das LED-System zurück geschlossen werden.

Soll aus dem gleichen Messergebnis auf den Anwendungsfall geschlossen werden, ist ein zweiter Punkt zu berücksichtigen. Je nach System kann sich die farbliche Abstrahlcharakteristik mit größerer Entfernung verändern.

Sollen z.B. die Light Engines von Osram zur Raumbeleuchtung in eine Decke eingebaut werden, gibt es zwei Entfernungen bei denen die farbliche Abstrahlcharakteristik eine Rolle spielt. Zum einen soll der Boden homogen beleuchtet werden und zum anderen sollen gleichzeitig die Wände mit angestrahlt werden. Durch die große Entfernung der Light Engine zum Boden wird das Licht ausreichend homogen gemischt. Ist die Light Engine nahe zur Wand montiert, werden die in dieser Arbeit bestimmten Farbschatten an der Wand sichtbar. In diesem Fall sind sowohl die Farbabstandverteilungskurven im Nahen als auch deren Projektion in die Entfernung notwendig.

6. Zusammenfassung&Ausblick

In dieser Arbeit wurde eine Methode zur Darstellung der farblichen Abstrahlcharakteristik von LED-Systemen präsentiert. Dafür wurde das Ergebnis einer winkelaufgelösten spektralen Messung verwendet. Anhand der Farbkoordinaten und gewählten Referenzfarbkoordinaten wurde der Farbabstand zu jeder Winkelposition berechnet. Die farbliche Abstrahlcharakteristik konnte daraufhin anhand der Farbabstandverteilungskurven dargestellt werden. Farbunterschiede innerhalb der farblichen Abstrahlcharakteristik von LED-Systemen sind in den Kurven sichtbar und können interpretiert und bewertet werden.

Die Homogenität der Farbkoordinaten innerhalb der farblichen Abstrahlcharakteristik von LED-Systemen kann beurteilt werden. Anforderungen an z.B. Lichtmischtechniken können überprüft und dargestellt werden. Generell lässt sich aus den Farbabstandverteilungskurven auf die Technik der LED-Systeme schließen. Anhand der Form der Kurven kann die Funktion von Optiken, Reflektoren oder Mischkammern nachvollzogen und überprüft werden. Anders herum betrachtet kann Aufbau und Planung der farblichen Eigenschaften von LED-Systemen durch die Farbabstandverteilungskurven überprüft werden.

Eine messtechnische Charakterisierung der farblichen Abstrahlcharakteristik von LED-Systemen ist mit den Farbabstandverteilungskurven möglich. Mit der vorgestellten Methode der Farbabstandverteilungskurven sind analog zur Lichtstärkeverteilung viele Ebenen in einem Diagramm darstellbar. Gleichzeitig lässt sich im Vergleich zu anderen Darstellungsmethoden eine Abstrahlcharakteristik in den gesamten Raum abbilden. Die Darstellung der Farbabstandverteilungskurven im Polardiagram ist durch die Ähnlichkeit zur Lichtstärkeverteilungskurve anschaulich und die Informationen sind leicht zu interpretieren.

Zur Diskussion stand ebenfalls während der Entwicklung die Überlegung andere Referenzkoordinaten zu wählen. Eine Variante die häufig in der Industrie vorkommt ist z.B. die Farbkoordinaten über den Öffnungswinkel zu mitteln. Der Farbabstand der einzelnen Winkelpositionen wird dann zu diesen gemittelten Farbkoordinaten bestimmt. Im Unterschied zu den Farbkoordinaten der Hauptabstrahlrichtung ist die Lage der gemittelten Farbkoordinaten nicht festgelegt auf einen speziellen Punkt in der Farbabstandverteilungskurve. In den so gebildeten Kurven wird der Abstand zu Punkten irgendwo in der farblichen Abstrahlcharakteristik gebildet. Die Form der Kurven und die Werte der Farbabstände verändern sich dabei. Folgende Aussagen aus diesen Kurven unterscheiden sich unter Umständen zu den Farbabstandverteilungskurven die ihre Referenz in Hauptabstrahlrichtung haben.

Ein Punkt zur Weiterentwicklung der Methode der Farbabstandverteilungskurven ist die fehlende Aussage in welche Richtung sich die

Farbkoordinaten verändern. Wie schon erwähnt enthalten die Farbabstandverteilungskurven in beiden Farbsystemen keine Information ob sich die Farbe Richtung Blau, Grün oder Rot verändert. In weiteren Überlegungen müsste geklärt werden ob die Farbabstandverteilungskurven um diese Information erweitert werden können oder ob dazu eine andere Darstellungsgröße ausgewählt werden muss.

Bei den Farbabstandskurven im Farbsystem CIE 1976 UCS (u'v') wurde in einem ersten Schritt die Interpretation der Farbabstandverteilungskurven bezüglich der Farbwahrnehmung dargestellt. Ein Punkt der zu diskutieren ist, ist die Abhängigkeit der im Rahmen dieser Arbeit verwendeten Grenzwerte von einer bestimmten Farbtemperatur. Verändert sich die Farbtemperatur müssen andere Grenzwerte berücksichtigt werden. Gibt es starke Änderungen der Farbtemperatur innerhalb der farblichen Abstrahlcharakteristik von LED-Systemen weichen diese Grenzwerte ab. In welcher Form dieses Verhalten berücksichtigt werden kann oder muss wäre zu diskutieren. Ebenfalls einen Einfluss auf die Farbwahrnehmung hat die Helligkeit die in den Farbabstandskurven in dieser Form nicht berücksichtigt wird. Auch hier müsste in folgenden Arbeiten geklärt werden, in welcher Form der Einfluss der Helligkeit auf die Farbwahrnehmung in den Farbabstandskurven berücksichtigt werden kann.

Ein letzter Punkt der in folgenden Arbeiten näher untersucht werden könnte, sind die Unsicherheiten der bestimmten Farbabstände. Eine Abschätzung der Unsicherheit nach GUM unter Berücksichtigung der Veröffentlichung von J.Gardner [28] war im Rahmen dieser Arbeit nicht möglich.

Abschließend lässt sich sagen, dass die Farbabstandverteilungskurven ein erster Schritt zur farblichen Charakterisierung von LED-Systemen sind. Gezeigt wurde, dass unterschiedliche Abstrahlcharakteristika mit derselben Methode darstellbar sind.

Die Information der farblichen Abstrahlcharakteristik wird in Zukunft immer wichtiger werden, da dem flexiblen Einsatz der LEDs keine Grenzen gesetzt sind. Neue Technologien wie die OLEDs bieten ebenfalls viele Möglichkeiten der Gestaltung. Dabei wird die Darstellung der farblichen Abstrahlcharakteristik immer mehr gefragt sein.

LITERATURVERZEICHNIS

[1] H.-J. Hentschel, Licht und Beleuchtung. Grundlagen und Anwendungen der Lichttechnik, Hüthig, 2001.

[2] *DIN 5033 Farbmessung - Teil 2 - Normvalenz-Systeme.*

[3] *DIN 5033 Farbmessung - Teil 3 - Farbmaßzahlen.*

[4] *DIN 5033 Farbmessung - Teil1 - Grundbegriffe der Farbmetrik.*

[5] Handbuch der Beleuchtung, ecomed Sicherheit, 1. Erg.-Lfg. 8/98.

[6] *DIN 5033-Teil8 Farbmessung Messbedingungen für Lichtquellen.*

[7] D. L. MACADAM, „Visual Sensitivities to Color Differences in Daylight," *J. Opt. Soc. Am.*, Bd. 32, Nr. 5, pp. 247-273, May 1942.

[8] E. Schubert, Light-Emitting Diodes, Cambrigde University Press, 2006.

[9] *CIE15:2004 3rd Edition Colorimetry*, 2004.

[10] *ANSI_ANSLG C78.376-2001 American National Standard for Specifications for the Chromaticity of Fluorescent Lamps.*

[11] *ANSI_ANSLG C78.377-2011 Specifications for the Chromaticity of Solid State Lighting Products*, 2011.

[12] *Osram Opto Semiconductors - Fine White Binning*, 2013.

[13] *http://www1.eere.energy.gov/buildings/ssl/sslbasics_ledbasics.html*, 2013.

[14] *http://ltgsales.com/497/examples_of_phosphor_deposition/*, 2013.

[15] *Deutsche Übersetzung des "Guide to the Expression of Uncertainty in Measurement" Leitfaden zur Angabe der Unsicherheit beim Messen.*

[16] *DIN 5032-Teil 7 Lichtmessung - Klasseneinteilung von Beleuchtung- und Leuchtdichtemessgeräten*, 1985.

[17] *CIE No.53 Methods of Characterizing the Performance of Radiometers and Photometers*, 1982.

[18] Dr.Ulrich, „LMT Lichtmesstechnik GmbH".

[19] F. Sametoglu, „Relation between the illuminance responsivity of a photometer and the spectral power distribution of a source," *Optical Engineering*, Bd. 46(9), 2007.

[20] *prEN13032 4:2013 Licht und Beleuchtung - Messung und Darstellung photometrischer Daten von Lampen und Leuchten - Teil 4: LED-Lampen, -Module und -Leuchten*, 2013.

[21] *DIN 60081 Zweiseitig gesockelte Leuchtstofflampen - Anforderungen an die Arbeitsweise,* 2010.

[22] Y. Zong, S. W. Brown, B. C. Johnson, K. R. Lykke und Y. Ohno, „Simple spectral stray light correction method for array spectroradiometers," *Appl. Opt.,* Bd. 45, Nr. 6, pp. 1111-1119, Feb 2006.

[23] „Physikalisch-Technische Bundesanstalt PTB: Photometrie-Seminar 2010".

[24] C. Hermann, „CIE 127-1997, measurement of LEDs," *Color Research & Application,* Bd. 23, Nr. 2, pp. 125-125, 1998.

[25] *DIN 5032-Teil 1 Lichtmessung - Photometrische Verfahren.*

[26] *DIN EN ISO 11664 Farbmetrik (teilweiser Ersatz für DIN5033).*

[27] *IES LM-79-08 Approved Method: Electrical and Photometric Measurements of Solid-State Lighting Products.*

[28] J. L. Gardner, „Uncertainty estimation in colour measurement," *Color Research \& Application,* Bd. 25, Nr. 5, pp. 349-355, 2000.

[29] „Philips Lumileds Lighting Company; Luxeon Mid-Power 5630 DS201," Stand 6. März 2013.

[30] „Philips Lumileds Lighting Company; Luxeon Rebel Illumination Portfolio DS63," Stand 12. Dezember 2012.

[31] D. D. Konjhodzic, „Messungen von SSL-Lichtquellen in Ulbricht-Kugeln und mit Goniospektralradiometern," in *LICHT 2012*, Berlin, 2012.

[32] K. Bieske, „Wahrnehmung von Farbunterschieden von Licht- und Körperfarben," in *Licht und Lebensqualität 2007*, 2007.

[33] *Techno Team Bildverarbeitung GmbH, Nahfeldgoniometer RiGO801.*

[34] *HR4000 High-Resolution Spectrometer.*

[35] S. Park, D.-H. Lee, Y.-W. Kim und S.-N. Park, „Uncertainty evaluation for the spectroradiometric measurement of the averaged light-emitting diode intensity," *Appl. Opt.*, Bd. 46, Nr. 15, pp. 2851-2858, May 2007.

[36] *DIN EN 13032 - Licht und Beleuchtung - Messung und Darstellung photometrischer Daten von Lampen und Leuchten.*

[37] „CIE127 Measurement of LEDs," 1997.

[38] *DIN 5033 Farbmessung - Teil8 - Messbedingungen für Lichtquellen.*

ANHANG

Tabelle mit LED-Spektren unterschiedlicher Farbtemperaturen zur Abschätzung des spectral mismatch correction factors, äquivalent zur CIE No.53 [17]

λ[nm]	6350K	5800K	4100K	2700K	4723K
380	5,43E-04	1,22E-03	1,53E-03	8,69E-04	1,36E-03
385	8,52E-04	1,34E-03	1,63E-03	9,92E-04	1,57E-03
390	1,53E-03	1,58E-03	1,87E-03	1,10E-03	1,96E-03
395	3,41E-03	1,97E-03	2,38E-03	1,49E-03	2,84E-03
400	9,03E-03	3,03E-03	3,74E-03	2,33E-03	5,24E-03
405	2,48E-02	6,13E-03	7,74E-03	4,63E-03	1,13E-02
410	6,35E-02	1,50E-02	1,85E-02	9,96E-03	2,52E-02
415	1,44E-01	3,82E-02	4,66E-02	2,11E-02	5,43E-02
420	2,85E-01	9,25E-02	1,08E-01	4,12E-02	1,11E-01
425	4,86E-01	1,97E-01	2,23E-01	7,31E-02	2,12E-01
430	7,13E-01	3,55E-01	3,91E-01	1,18E-01	3,68E-01
435	9,00E-01	5,60E-01	6,06E-01	1,77E-01	5,87E-01

440	1,00E+00	8,16E-01	8,55E-01	2,52E-01	8,50E-01
445	9,12E-01	1,00E+00	1,01E+00	3,12E-01	1,00E+00
450	7,38E-01	9,07E-01	8,83E-01	2,96E-01	8,95E-01
455	5,24E-01	6,25E-01	5,88E-01	2,27E-01	6,36E-01
460	3,37E-01	3,88E-01	3,79E-01	1,75E-01	4,33E-01
465	2,13E-01	2,66E-01	2,73E-01	1,47E-01	3,12E-01
470	1,50E-01	2,00E-01	2,03E-01	1,29E-01	2,25E-01
475	1,31E-01	1,54E-01	1,58E-01	1,24E-01	1,71E-01
480	1,38E-01	1,33E-01	1,42E-01	1,34E-01	1,50E-01
485	1,57E-01	1,30E-01	1,44E-01	1,54E-01	1,53E-01
490	1,82E-01	1,44E-01	1,64E-01	1,83E-01	1,77E-01
495	2,10E-01	1,79E-01	2,09E-01	2,17E-01	2,20E-01
500	2,41E-01	2,33E-01	2,75E-01	2,53E-01	2,74E-01
505	2,74E-01	2,98E-01	3,52E-01	2,87E-01	3,31E-01
510	3,08E-01	3,67E-01	4,34E-01	3,19E-01	3,85E-01
515	3,43E-01	4,29E-01	5,13E-01	3,50E-01	4,33E-01
520	3,78E-01	4,82E-01	5,84E-01	3,79E-01	4,73E-01
525	4,12E-01	5,24E-01	6,47E-01	4,07E-01	5,04E-01

530	4,45E-01	5,55E-01	7,01E-01	4,38E-01	5,28E-01
535	4,76E-01	5,76E-01	7,51E-01	4,70E-01	5,47E-01
540	5,03E-01	5,90E-01	7,93E-01	5,04E-01	5,57E-01
545	5,27E-01	5,97E-01	8,35E-01	5,41E-01	5,65E-01
550	5,46E-01	6,00E-01	8,73E-01	5,80E-01	5,68E-01
555	5,60E-01	5,99E-01	9,08E-01	6,20E-01	5,66E-01
560	5,69E-01	5,94E-01	9,40E-01	6,63E-01	5,59E-01
565	5,71E-01	5,87E-01	9,67E-01	7,07E-01	5,50E-01
570	5,69E-01	5,78E-01	9,87E-01	7,52E-01	5,39E-01
575	5,60E-01	5,65E-01	9,99E-01	7,99E-01	5,26E-01
580	5,46E-01	5,51E-01	1,00E+00	8,45E-01	5,12E-01
585	5,27E-01	5,32E-01	9,91E-01	8,87E-01	4,99E-01
590	5,03E-01	5,12E-01	9,71E-01	9,26E-01	4,89E-01
595	4,76E-01	4,88E-01	9,41E-01	9,57E-01	4,84E-01
600	4,45E-01	4,63E-01	9,00E-01	9,79E-01	4,85E-01
605	4,12E-01	4,37E-01	8,56E-01	9,94E-01	5,06E-01
610	3,78E-01	4,11E-01	8,07E-01	1,00E+00	5,58E-01
615	3,43E-01	3,82E-01	7,52E-01	9,91E-01	6,62E-01

620	3,08E-01	3,53E-01	6,95E-01	9,73E-01	8,37E-01
625	2,74E-01	3,25E-01	6,36E-01	9,43E-01	9,74E-01
630	2,41E-01	2,98E-01	5,77E-01	9,05E-01	7,59E-01
635	2,10E-01	2,72E-01	5,25E-01	8,66E-01	4,49E-01
640	1,81E-01	2,47E-01	4,72E-01	8,17E-01	3,04E-01
645	1,55E-01	2,23E-01	4,21E-01	7,62E-01	2,35E-01
650	1,31E-01	2,01E-01	3,75E-01	7,07E-01	1,97E-01
655	1,09E-01	1,81E-01	3,33E-01	6,52E-01	1,72E-01
660	9,06E-02	1,62E-01	2,94E-01	5,97E-01	1,52E-01
665	7,42E-02	1,45E-01	2,59E-01	5,42E-01	1,35E-01
670	6,02E-02	1,29E-01	2,27E-01	4,89E-01	1,21E-01
675	4,84E-02	1,14E-01	1,98E-01	4,39E-01	1,08E-01
680	3,84E-02	1,02E-01	1,74E-01	3,93E-01	9,63E-02
685	3,02E-02	9,05E-02	1,52E-01	3,51E-01	8,62E-02
690	2,36E-02	8,01E-02	1,33E-01	3,11E-01	7,66E-02
695	1,82E-02	7,08E-02	1,16E-01	2,74E-01	6,85E-02
700	1,39E-02	6,23E-02	1,00E-01	2,41E-01	6,06E-02
705	1,05E-02	5,51E-02	8,72E-02	2,11E-01	5,39E-02

710	7,82E-03	4,85E-02	7,56E-02	1,85E-01	4,79E-02
715	5,79E-03	4,26E-02	6,58E-02	1,61E-01	4,25E-02
720	4,24E-03	3,74E-02	5,71E-02	1,40E-01	3,76E-02
725	3,08E-03	3,31E-02	4,97E-02	1,22E-01	3,33E-02
730	2,21E-03	2,89E-02	4,33E-02	1,06E-01	2,96E-02
735	1,57E-03	2,54E-02	3,74E-02	9,11E-02	2,65E-02
740	1,10E-03	2,23E-02	3,23E-02	7,88E-02	2,32E-02
745	7,68E-04	1,97E-02	2,80E-02	6,80E-02	2,06E-02
750	5,29E-04	1,75E-02	2,45E-02	5,88E-02	1,83E-02
755	3,61E-04	1,54E-02	2,15E-02	5,11E-02	1,62E-02
760	2,44E-04	1,34E-02	1,87E-02	4,40E-02	1,44E-02
765	1,63E-04	1,20E-02	1,63E-02	3,80E-02	1,28E-02
770	1,08E-04	1,05E-02	1,42E-02	3,29E-02	1,14E-02
775	7,05E-05	9,31E-03	1,23E-02	2,85E-02	1,03E-02
780	4,57E-05	8,17E-03	1,08E-02	2,45E-02	8,92E-03

Abbildung 65
Unsicherheitsbudget für
Lichtstärke gemessen mit
Spektrometer [35]

Description	Type	Unit	Cor.	λ-Dep.	Red $(k = 1)$	Green $(k = 1)$	Blue $(k = 1)$	White $(k = 1)$
Uncertainty propagation of the spectral irradiance standard data through interpolation	B	%	O	O	0.45	0.46	0.47	0.45
Detector/Standard lamp distance	B	%	O	X	0.23	0.23	0.23	0.23
Standard lamp current stability	B	%	O	X	0.04	0.04	0.05	0.04
Readout repeatability at calibration	A	%	X	O	<0.01	<0.01	<0.01	<0.01
Readout repeatability at measurement	A	%	X	O	0.50	0.50	0.50	0.50
Wavelength accuracy	A	%	O	O	0.18	0.08	0.16	0.01
Linearity on flux level	B	%	X	X	<0.01	<0.01	<0.01	<0.01
Linearity on exposure time	B	%	X	O	1.00	1.00	1.00	1.00
Spectral stray light	B	%	O	O	1.65	1.50	2.29	1.53
LED mechanical axis alignment	B	%	—	—	0.28	0.59	0.74	0.25
LED current feeding accuracy	B	%	—	—	0.03	0.03	0.03	0.03
Detector/LED distance	B	%	—	—	0.58	0.58	0.58	0.58
Combined uncertainty in quadrature sum					2.16	2.11	2.77	2.06
Expanded uncertainty at $k = 2.0$					4.33	4.22	5.54	4.12

Abbildung 66
Unsicherheitsbudget für
Lichtstärke gemessen mit
Photometer [23]

DESCRIPTION	UNIT	SYMBOL	VALUE	UNCERTAINTY (IN)	DOF	SENSITIVITY	UNCERTAINTY	REL. UNCERTAINTY
LED Nominal Current	A	J_{LED0}	0.02	0	∞	120.642	0	0
LED Nominal Voltage	V	U_{LED0}	3.151	0	∞	3.8287	0	0
Amplification Photo Current Amplifier	Ω	R_g	999559.	7.29678	100	-2.41391×10^{-6}	-0.0000176138	-7.3×10^{-6}
Photo Current Amplifier Dark Reading	Hz	$f_{AmpDunk}$	2306.31	4.61262	19	-7.16617×10^{-6}	-0.0000330548	-0.0000136995
Exponent LED Voltage Corr.	1	β	5	0.5	13	-0.000126948	-0.0000634742	-0.0000263067
LED Current Reading	A	J_{LED}	0.0199826	1.99826×10^{-6}	19	-120.747	-0.000241285	-0.0001
Exponent LED Current Corr.	1	α	1	0.2	13	0.00209534	0.000419067	0.000173682
UF/Wandler Wandlungsfaktor	$\frac{Hz}{V}$	w_f	50038	10.0076	10	-0.0000482203	-0.000482569	-0.0002
Photo Current Amplifier Reading	Hz	$f_{AmpHell}$	339006.	67.8012	19	7.16617×10^{-6}	0.000485875	0.00020137
LED Voltage Reading	V	U_{LED}	3.15117	0.000315117	19	-3.8285	-0.00120642	-0.0005
Corr. Factor for Straylight	1	c_{Streu}	0.9995	0.0005	10	2.41405	0.00120703	0.00050025
Corr. f. LED Align	1	c_{Ausr}	1	0.001	10	2.41285	0.00241285	0.001
Corr. Factor f. Spec. Mismatch Photom.	1	c_{Spec}	0.9922	0.0017	10	-2.43182	0.00413409	0.00171336
Photometric Sensitivity Photometer	$\frac{A}{lx}$	s_v	2.76853×10^{-8}	8.30559×10^{-11}	10	-8.71526×10^{7}	-0.00723854	-0.003
Distance CIE 127 Condition B	m	r	0.1	0.0002	10	48.2569	0.00965139	0.004
Result: Luminous Intensity Cond. A/B	cd	$I_{LED\_A/B}$	2.41285	-	25	-	0.0131179	0.00543668

DESCRIPTION	UNIT	SYMBOL	VALUE	k	CONFIDENCELEVEL	EXPAND. UNCERTAINTY	REL. EXPAND. UNCERTAINTY
Result: Luminous Intensity Cond. A/B	cd	$I_{LED\_A/B}$	2.41285	2.125	0.9545	0.0278755	0.011553

VERÖFFENTLICHUNGEN

F.Herrmann, K.Trampert, C.Neumann;
„Weiße LED-Systeme und Photometrie – Auswirkungen der V(λ)-Anpassung"
LICHT 2012, 20. Gemeinschaftstagung, Berlin (2012)

F.Herrmann, K.Trampert, C.Neumann;
„LED-Systems – colour shifts and colour presentation"
Proceedings of the Lux Europa, 12th European Lighting Conference, Krakow, Polen (2013)

BETREUTE ARBEITEN

M. Wilck „Charakterisierung des Drehspiegelgoniometers";
2011

J. Benz „Quantifizierung von Einflussfaktoren bei spektralen Messungen"; 2012

SPEKTRUM DER LICHTTECHNIK

Lichttechnisches Institut Karlsruher Institut für Technologie (KIT)

ISSN 2195-1152

Die Bände sind unter www.ksp.kit.edu als PDF frei verfügbar oder als Druckausgabe bestellbar.